华晟经世ICT专业群系列教材

云应用系统开发

邱锦明 成宝芝 韩维良 郭炳宇 姜善永 主编

人民邮电出版社
北京

图书在版编目（CIP）数据

云应用系统开发 / 邱锦明等主编. -- 北京：人民邮电出版社，2019.4（2024.1重印）
华晟经世ICT专业群系列教材
ISBN 978-7-115-49714-7

Ⅰ. ①云… Ⅱ. ①邱… Ⅲ. ①云计算－教材 Ⅳ. ①TP393.027

中国版本图书馆CIP数据核字（2019）第027546号

内 容 提 要

本教材以行业主流的开源云平台OpenStack为依托，结合业务逻辑的分析，对OpenStack暴露出来的API进行封装，进而实现所需的功能。本教材内容采用项目化方式，实践性强，将理论知识融入到项目实践过程中，由浅入深，引导学生学习。项目的设计上采用行业主流技术和平台，强化框架编程思想，项目内容贴合行业应用，具有很强的适应性和实用性。

本教材适用于从事互联网行业的云计算产品开发、Openstack API解读与Openstack二次开发等项目的技术人员和管理工作者以及相关院校学生阅读参考。

◆ 主　编　邱锦明　成宝芝　韩维良　郭炳宇　姜善永
　　责任编辑　贾朔荣
　　责任印制　彭志环
◆ 人民邮电出版社出版发行　北京市丰台区成寿寺路11号
　　邮编　100164　电子邮件　315@ptpress.com.cn
　　网址　https://www.ptpress.com.cn
　　北京盛通印刷股份有限公司印刷
◆ 开本：787×1092　1/16
　　印张：17.5　　　　　　　2019年4月第1版
　　字数：413千字　　　　　2024年1月北京第7次印刷

定价：59.00元

读者服务热线：(010)81055493　印装质量热线：(010)81055316
反盗版热线：(010)81055315

前言

现今是数据信息时代，以云计算、大数据、物联网为代表的新一代信息技术受到人们空前的关注，教育战略服务国家战略，相关的职业教育急需升级以顺应和助推产业发展。从学校到企业，从企业到学校，华晟经世已经为中国职业教育产教融合这项事业奋斗了15年。从最初的通信技术课程培训到如今以移动互联、物联网、云计算、大数据、人工智能等新兴专业为代表的ICT专业群人才培养的全流程服务，我们深知培训课程是培养人才的依托，而教材则是呈现课程理念的基础，如何将行业最新的技术通过合理的逻辑设计和内容表达，呈现给学习者并达到理想的学习效果，是我们编写教材时一直追求的终极目标。

在这本教材编写中，我们在内容上贯穿以"学习者"为中心的设计理念——教学目标以任务驱动，教材内容以"学"和"导学"交织呈现，项目引入以情景化的职业元素构成，学习足迹借助图谱得以可视化，学习效果通过最终的创新项目得以校验，具体如下。

教材内容的组织强调以学习行为为主线，构建了"学"与"导学"的内容逻辑。"学"是主体内容，包括项目描述、任务解决及项目总结；"导学"是引导学生自主学习、独立实践的部分，包括项目引入、交互窗口、思考练习、拓展训练及双创项目。

本书以情景化、情景剧式的项目引入方式，模拟一个完整的项目团队，采用情景剧作为项目开篇，并融入职业元素，使内容更加接近于行业、企业和生产实际。项目引入更多的是还原工作场景，展示项目进程，嵌入岗位、行业认知，融入工作的方法和技巧，向读者更多地传递一种解决问题的思路和理念。

项目篇章以项目为核心载体，强调知识输入，经过任务的分解与训练，再到技能输出；采用"两点（知识点、技能点）""两图（知识图谱、技能图谱）"的方式梳理知识、技能，项目开篇清晰地描绘出该项目所覆盖的和需要的知识点，项目最后总结出经过任务训练所能获得的技能图谱。

本书强调学生的动手和实操，以解决任务为驱动，遵循"做中学，学中做"的理念。任务驱动式的学习，可以让我们遵循一般的学习规律，由简到难，循环往复，融会贯通；加强实践、动手训练，在实操中学习更加直观和深刻；融入最新技术应用，结合真实应用场景，解决现实性客户需求。

本书具有创新特色的双创项目设计。教材结尾设计双创项目与其他教材形成呼应，体现了项目的完整性、创新性和挑战性，既能培养学生面对困难、勇于挑战的创业意识，又能培养学生使用新技术解决问题的创新精神。

本教材一共 6 个项目，项目 1 为初识 OpenStack，主要介绍 OpenStack 的发展、与云计算的关系、OpenStack 的概念架构和逻辑架构，以及 OpenStack 的核心组件；项目 2 为走进 OpenStack API，主要介绍 OpenStack 认证服务和计算服务的 API，以及如何使用 postman 工具调用 API；项目 3 为云平台核心服务需求分析与设计，主要介绍云平台的需求分析以及原型图设计；项目 4 为云平台用户服务功能开发，项目 5 为云平台虚拟机服务功能开发，项目 4 与项目 5 重点介绍了云平台用户模块以及虚拟机模块后台开发实现；项目 6 为云平台前后台交互，主要介绍 Ajax 和 AngularJS 的使用。

本教材由邱锦明、成宝芝、韩维良、郭炳宇、姜善永老师担任主编。主编除参与编写外，还负责拟定大纲和总纂。本教材执笔人依次是：项目 1 为邱锦明编写，项目 2 为成宝芝和韩维良合作编写，项目 3 为张瑞元编写，项目 4 为杨晓蕊编写，项目 5 为赵艳慧编写，项目 6 为刘静编写。本教材初稿完结后，由郭炳宇、姜善永、王田甜、苏尚停、刘静、张瑞元、朱胜、李慧蕾、杨慧东、唐斌、何勇、李文强、范雪梅、冉芬、曹利洁、张静、蒋平新、赵艳慧、杨晓蕊、刘红申、黎正林、李想组成的编审委员会相关成员集中审核和修订内容。

整本教材从总体开发设计到每个细节，我们团队协作，细心打磨，以专业的精神尽量克服知识和经验的不足，终以此书飨慰读者。

本教材提供配套代码和 PPT，如需相关资源，请发送邮件至 renyoujiaocaiweihu@huatec.com。

编　者

2018 年 7 月

目 录

项目 1　初识 OpenStack 1
　1.1　任务一：OpenStack 简介 3
　　　1.1.1　云计算 3
　　　1.1.2　虚拟化技术 6
　　　1.1.3　OpenStack 9
　　　1.1.4　任务回顾 11
　1.2　任务二：OpenStack 架构 12
　　　1.2.1　OpenStack 概念架构 13
　　　1.2.2　OpenStack 逻辑架构 14
　　　1.2.3　OpenStack 核心组件介绍 18
　　　1.2.4　任务回顾 23
　1.3　项目总结 24
　1.4　拓展训练 24

项目 2　走进 OpenStack API 27
　2.1　任务一：OpenStack RESTful API 的介绍 28
　　　2.1.1　RESTful API 介绍 28
　　　2.1.2　RPC 介绍 30
　　　2.1.3　任务回顾 35
　2.2　任务二：了解 OpenStack 认证服务 API 36
　　　2.2.1　Token API 介绍 36
　　　2.2.2　User API 介绍 49

1

		2.2.3 任务回顾 ·································	54

   2.3   任务三：了解 OpenStack 计算服务 API ····················· 55
      2.3.1   Servers API 介绍 ································· 56
      2.3.2   Servers-run an action API 介绍 ····················· 61
      2.3.3   任务回顾 ··· 63
   2.4   项目总结 ··· 64
   2.5   拓展训练 ··· 65

项目 3　云平台核心服务需求分析与设计　　　　　　　　　　　　　67
   3.1   任务一：云平台系统构建规划 ······························· 68
      3.1.1   初识云平台 ······································· 68
      3.1.2   云平台系统构建规划 ······························· 72
      3.1.3   任务回顾 ··· 73
   3.2   任务二：云平台用户服务需求分析与设计 ····················· 74
      3.2.1   用户服务模块需求分析 ····························· 74
      3.2.2   用户服务模块原型设计 ····························· 77
      3.2.3   任务回顾 ··· 89
   3.3   任务三：云平台虚拟机服务需求分析与设计 ··················· 90
      3.3.1   虚拟机服务需求分析 ······························· 90
      3.3.2   虚拟机服务原型设计 ······························· 94
      3.3.3   任务回顾 ··· 97
   3.4   项目总结 ··· 98
   3.5   拓展训练 ··· 98

项目 4　云平台用户服务功能开发　　　　　　　　　　　　　　　　101
   4.1   任务一：用户服务需求分析与设计 ··························· 102
      4.1.1   用户模块业务逻辑分析 ····························· 102
      4.1.2   用户模块数据库分析与设计 ························· 105
      4.1.3   任务回顾 ··· 112
   4.2   任务二：云平台环境搭建 ··································· 112

          4.2.1　环境搭建 ··· 113
          4.2.2　OpenStack 相关数据封装 ·· 126
          4.2.3　任务回顾 ··· 139
    4.3　任务三：用户服务功能实现 ··· 140
          4.3.1　用户注册功能的实现 ·· 141
          4.3.2　用户登录功能的实现 ·· 154
          4.3.3　任务回顾 ··· 159
    4.4　项目总结 ·· 160
    4.5　拓展训练 ·· 160

项目 5　云平台虚拟机服务功能开发 163
    5.1　任务一：虚拟机服务需求分析与设计 ····································· 164
          5.1.1　虚拟机模块业务逻辑分析 ·· 164
          5.1.2　虚拟机模块数据库分析 ·· 168
          5.1.3　任务回顾 ··· 172
    5.2　任务二：虚拟机服务功能实现 ··· 173
          5.2.1　创建虚拟机功能实现 ·· 173
          5.2.2　删除虚拟机功能 ·· 184
          5.2.3　绑定浮动 IP 定时任务 ··· 189
          5.2.4　虚拟机绑定浮动 IP ·· 200
          5.2.5　任务回顾 ··· 209
    5.3　项目总结 ·· 210
    5.4　拓展训练 ·· 211

项目 6　云平台前后台交互 213
    6.1　任务一：Ajax 的简介及使用 ·· 214
          6.1.1　Ajax 概述 ·· 215
          6.1.2　Ajax 加载网络列表 ··· 219
          6.1.3　任务回顾 ··· 224
    6.2　任务二：Ajax 用户模块的交互 ··· 225

		6.2.1	注册模块的实现 225

    6.2.2　登录模块的实现 227

    6.2.3　个人中心模块的实现 229

    6.2.4　任务回顾 231

  6.3　任务三：走进 AngularJS 的世界 232

    6.3.1　走进 AngularJS 世界 232

    6.3.2　AngularJS 初体验 234

    6.3.3　应用 AngularJS 实现虚拟机实例列表 250

    6.3.4　任务回顾 254

  6.4　任务四：AngularJS 虚拟机模块交互 255

    6.4.1　Service 服务 255

    6.4.2　虚拟机交互之加载和新建 258

    6.4.3　虚拟机交互之编辑和删除 266

    6.4.4　任务回顾 269

  6.5　项目总结 270

  6.6　拓展训练 270

项目 1 初识 OpenStack

项目引入

OpenStack 以架构优雅著称，是一个开源的云计算管理平台，由 Horizon（UI 服务）、Keystone（身份管理）、Glance（镜像管理）、Neutron（网络管理）和 Nova（虚拟机管理）5 个主要的组件组合完成具体工作，数据库和消息队列是基础服务；数据库相当于档案室，存放着各个组件的数据；消息队列为各个组件之间提供统一的消息通信服务，如图 1-1 所示。

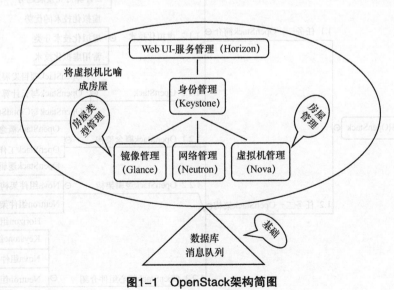

图 1-1 OpenStack 架构简图

Horizon 提供友好的界面，方便对各个组件进行管理，如图 1-2 所示。OpenStack 的工作流程可以概括为：用户访问 Horizon 的登录界面→单击登录按钮→系统会访问 Keystone 认证组件→"Keystone"保安验证用户的身份→验证通过，顺利进入"大堂"→用户去"Glance"柜台领取镜像→去"Neutron"柜台领取网络→申请虚拟机，开启云服务器之旅。

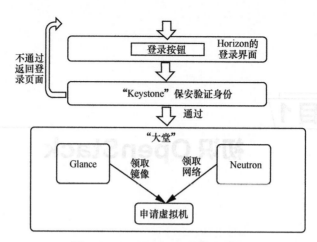

图1-2　OpenStack工作流程简图

知识图谱

项目1知识图谱如图1-3所示。

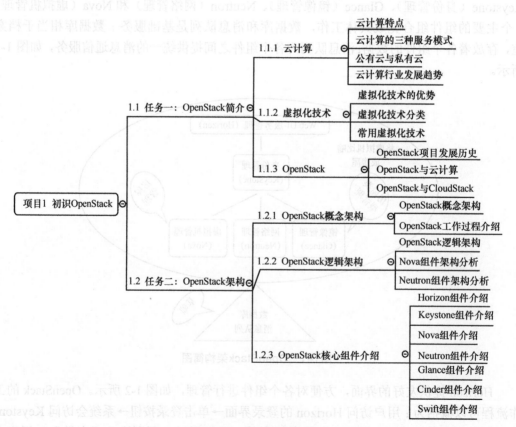

图1-3　项目1知识图谱

1.1 任务一：OpenStack 简介

【任务描述】

OpenStack 是由 Rackspace Cloud 和 NASA（美国国家航空航天局）于 2010 年 7 月共同开发支持的，OpenStack 整合了 Rackspace 的 Cloud Files platform 和 NASA 的 Nebula platform 技术，可以为任何一个组织创建和提供云计算服务。

为了更好地学习 OpenStack，我们首先需要了解云计算以及虚拟化的相关知识。

1.1.1 云计算

云计算技术是指基于互联网，通过虚拟化方式共享 IT 资源的新型计算模式。其核心思想是通过网络统一管理和调度各类资源，实现资源整合与配置优化，它是分布式计算、并行计算、虚拟化、网络存储、负载均衡等传统计算机技术和网络技术发展融合的产物。

1. 云计算特点

云计算的特点如图 1-4 所示。

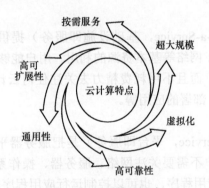

图 1-4 云计算的特点

① 按需服务："云"是一个庞大的资源池，用户按需购买服务，服务像水、电一样按量计费。

② 超大规模："云"具有相当的规模，能给用户带来非同凡响的计算能力。企业私有云一般拥有成百上千台的服务器，而像 Google、Amazon、微软这些巨头公司更是拥有超大规模的服务器。

③ 虚拟化：云计算打破时空限制，支持用户随时随地使用各种终端获取应用服务，所请求的资源来自"云"，而不是某些硬件实体；应用在"云"中的某处运行，用户无需了解整个过程，即任何一个终端都可通过网络服务来实现需求。

④ 高可靠性："云"采用了数据多副本容错、计算节点同构可互换等措施来保障服务的高可靠性，使用云计算比使用本地计算机更加稳定和可靠。

⑤ 通用性：云计算不针对特定的应用，在"云"的支撑下其可以构造出千变万化的应用，同一个"云"可以同时支撑不同的应用运行。

⑥ 高可扩展性："云"的规模可以动态伸缩，以满足应用的变化和用户规模增长的需要。

2. 云计算的三种服务模式

云计算有三种服务模式，如图 1-5 所示。

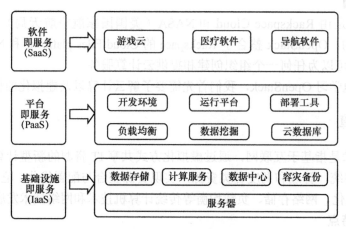

图1-5　云计算服务模式

（1）IaaS

IaaS（Infrastructure-as-a-Service，基础设施即服务）提供给用户的服务是对基础设施的利用，比如计算、存储、网络等基本资源的利用。用户能够部署和运行任意一种软件，包括操作系统和应用程序，而且不用耗费精力去关注任何云计算基础设施，便能控制操作系统的选择、储存空间、部署的应用等。

（2）PaaS

PaaS（Platform-as-a-Service，平台即服务）是把服务器平台作为服务并将其提供给用户的一种商业模式。用户不需要关注网络、服务器、操作系统、存储这一类型的云基础设施，但能控制部署的应用程序，也可以控制运行应用程序的托管环境配置。

（3）SaaS

SaaS（Software-as-a-Service，软件即服务）是一种通过网络提供软件的模式，用户直接向提供商租用基于 Web 的软件而无需购买相关服务。提供商提供给用户的服务源自运营商运行在云计算基础设施上的应用程序，用户可以在设备上通过客户端访问界面。

3. 公有云与私有云

公有云通常是指第三方提供商为用户提供的云服务，"公有"意指面向大众提供计算资源的服务而非用户所有。公有云一般是由数据中心服务商或第三方提供资源，用户通过网络获取这些资源并使用。Amazon、Google 和微软都提供公有云服务，国内的阿里云、腾讯云也属于公有云。

私有云是为用户单独使用而构建的云服务，本质是对企业传统数据中心的延伸和优化。"私有"意指此类平台属于非共享资源，因此平台上的数据、安全性和服务质量可得到有效控制。私有云的核心属性是专有资源，用户拥有构建云的基础设施的权利，并可以控制部署应用程序。私有云可部署在企业数据中心的防火墙内，也可以部署在安全的主机托管场所中。

公有云和私有云的区别如图1-6所示。

分类	用户	适合行业	业务场景	成本	运维
公有云	创业公司、个人	游戏、视频、教育等	对外互联网业务	初期成本低，后期随着业务量增大、成本增高	用户无法自主运维，公有云服务商统一运维
私有云	政府、大型企业	金融、医疗、政务等	政府内部业务	初期成本高，后期随着业务量增大、成本降低	用户自主运维，也可托管给第三方运维

图1-6 公有云和私有云的区别

私有云的安全性超越公有云，而公有云的计算资源又是私有云无法企及的，在这种矛盾的情况下，混合云应运而生。混合云是将公有云和私有云混合匹配的一种技术，其既利用了私有云的安全，将内部重要数据保存在本地数据中心；又利用了公有云的计算资源，可以更高效、快捷地完成工作，相比私有云和公有云，混合云更能适应用户的个性化需求，也是近几年云计算发展的主要模式。

4．云计算行业发展趋势

（1）国内云服务商从内向型向外向型转变

随着中国企业国际化发展的不断加快，尤其是在互联网领域，国内云计算厂商纷纷提供海外服务，实现云计算业务全球化，并积极拓展海外企业客户，加速国际化发展。

UCloud于2014年在北美部署数据中心，2015年开始在全球37个数据节点提供加速方案，逐步拓展海外市场；阿里云于2015年集中启用了三个海外数据中心，两个位于美国，一个位于新加坡，海外业务量随之增长了4倍以上，阿里云未来还计划在日本、欧洲、中东等地设立新的数据中心，完善阿里云的全球化布局；腾讯公司继2014年在中国香港部署云数据中心之后，2015年启用了位于加拿大多伦多的北美数据中心，并提供超过10项的云服务。

（2）云计算应用逐渐从互联网行业向传统行业渗透

当前，云计算的应用正在从游戏、电商、移动、社交等互联网行业向制造、政府、金融、交通、医疗等传统行业转变，其中，政府、金融行业成为云计算应用的主要突破口。

截至2015年，济南市52个政府部门、300多项业务应用均采用购买云服务的方式，非涉密电子政务系统在政务云中心建设和运行的比例达80%以上。"数字福建政务外网云计算平台"建设一期按5年使用规模预算，拟承载50个省直部门、7321项业务事项、1804个业务线、616个系统应用。中国金融电子化公司的"金电云"平台可提供基于异构IaaS平台的灾备数据中心服务，为中小型金融机构提供灾备、演练、接管、恢复、切换和回切等云服务，目前，已经为中国人民银行总行和20多家中小型金融机构提供了灾备服务。此外，蚂蚁金服、天弘基金、宜信、众筹网等众多互联网金融机构均已将业务迁移至云端。

（3）国内云服务商积极构建生态系统

近年来，云计算应用逐渐从互联网、游戏行业向传统行业延伸，国内云服务商开始联合设备商、系统集成商、独立软件开发商构建生态系统，为企业、政府提供一站式服务。阿里云继 2014 年发布"云合计划"（三年内招募 1 万家云服务商）之后，又于 2015 年 7 月携手 200 余家大型企业推出了 50 多个行业解决方案。2015 年 10 月召开的云栖大会吸引了全球超过 20000 个开发者参加，200 多家云上企业在会上展示了量子计算、人工智能等前沿技术，阿里云生态系统正在加速形成。2015 年，国内创业型公司 UCloud 获得近一亿美元的 C 轮融资，启动 UEP 企业成长计划（UCloud Enterprise Program）持续扶持创业者，以上海市为试点布局 UCloud 孵化器，并在全国开展与投资及创业服务机构的深入合作，这标志着 UCloud 已由单纯的第三方服务商向完善的游戏行业生态平台拓展。国内电信运营商也逐步构建合作伙伴生态系统，2015 年 6 月，中国电信天翼云发起亿元资金扶持创业的计划，首站定位医疗移动行业，创业者通过认证后，均能获得天翼云提供的资金和技术支持。联通沃云联合华为公司制订 SDN 联合创新战略，与 CDN 服务商 Akamai 建立战略合作关系，利用其 CDN 技术开发高度可扩展、完全可靠的内容分发网络产品。

1.1.2 虚拟化技术

云计算的实现离不开虚拟化技术。广义的虚拟化技术是将物理资源抽象成逻辑资源的过程，比如，为一些组件创建基于软件的表达形式，而狭义的虚拟化技术是指在计算机上模拟运行多个系统操作平台。虚拟化使用软件的方法重新定义、划分 IT 资源，可以实现 IT 资源的动态分配、灵活调度、跨域共享，使 IT 资源的利用率得以有效提高。

1. 虚拟化技术的优势

虚拟化技术的优势如图 1-7 所示。

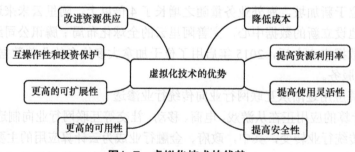

图 1-7 虚拟化技术的优势

虚拟化技术的优势有以下 8 点。

① 降低成本：减少物理资源的数量，降低能耗，节约空间，节约成本。

② 提高资源利用率：可支持实现物理资源和资源池的动态共享，提高资源利用率。

③ 提高使用灵活性：可实现动态的资源部署，满足不断变化的业务需求。

④ 提高安全性：可实现较简单的共享机制无法实现的隔离和划分，这些特性可实现对数据和服务的安全访问。

⑤ 更高的可用性：可在不影响用户使用的情况下，删除、升级和改变物理资源。

⑥ 更高的可扩展性：根据产品的差异性，可支持实现比个体物理资源小得多或大得多的虚拟资源，这意味着用户可以在不改变物理资源配置的情况下进行规模调整。

⑦ 互操作性和投资保护：虚拟资源可与各种接口和协议兼容，这是底层物理资源无法提供的。

⑧ 改进资源供应：与物理资源相比，虚拟化技术以更小的单位进行资源分配，因为不存在硬件和操作系统方面的问题，虚拟资源还能够在出现崩溃后更快地恢复。

2. 虚拟化技术分类

虚拟化技术分类如图 1-8 所示。

虚拟化技术分类	按应用	按应用模式	按硬件资源调用模式
	操作系统虚拟化	一对多	全虚拟化
	应用程序虚拟化	多对一	半虚拟化
	桌面虚拟化	多对多	硬件辅助虚拟化

图 1-8　虚拟化技术分类

（1）按应用分类

① 操作系统虚拟化：VMware 的 vSphere、Workstation，IBM 公司的 Power VM、zVM，Citrix 的 Xen，微软公司的 Virtual PC 等。

② 应用程序虚拟化：Citrix 的 Xen App，微软的 App-V 等。

③ 桌面虚拟化：VMware 的 VMware View，IBM 公司的 Virtual Infrastructure Access，微软公司的 MED-V、VDI 等。

（2）按应用模式分类

① 一对多：将一个物理服务器划分为多个虚拟服务器，是典型的服务器整合模式。

② 多对一：整合多个虚拟服务器并将它们作为一个资源池，是典型的网络计算模式。

③ 多对多：将"一对多"和"多对一"两种模式整合在一起。

（3）按硬件资源调用模式分类

① 全虚拟化：虚拟操作系统与底层硬件完全隔离，Hypervisor 在虚拟服务器和底层硬件之间建立一个抽象层，从而实现虚拟客户操作系统对底层硬件的调用。VMware Workstation 是全虚拟化的典型代表。

② 半虚拟化：在虚拟操作系统中加入特定的虚拟化指令，通过指令可以直接通过 Hypervisor 层调用硬件资源，免除由 Hypervisor 层转换指令的性能开销。VMware vSphere 是半虚拟化的典型代表。

③ 硬件辅助虚拟化：在 CPU 中加入新的指令集和处理器运行模式，完成虚拟操作系统对硬件资源的直接调用。Intel VT 是硬件辅助虚拟化的典型代表。

3. 常用虚拟化技术

常用虚拟化技术如图 1-9 所示。

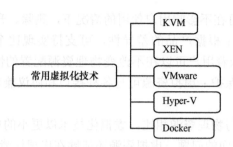

图1-9 常用虚拟化技术

（1）KVM

KVM 是基于 Linux 内核的开源虚拟化技术，是嵌入 Linux 系统的一个虚拟化模块，所以应用 KVM 的操作系统必须是 Linux。由于这种内核集成的特点，KVM 最大的好处是速度很快，而且 KVM 使用 Linux 自身的调度器进行管理，所以相对于下面要介绍的 XEN，其核心源码较少，因此，已成为学术界采用的主流技术之一。

（2）XEN

XEN 是 2003 年由剑桥大学研发的开源 Hypervisor 程序。XEN 与 KVM 不同的是，当硬件不具备虚拟化能力的时候，XEN 可以采用半虚拟化的方式来运行虚拟机。XEN 基于 X86 架构，是发展最快、性能最稳定、占用资源最少的开源虚拟化技术。XEN 可以在一套物理硬件上安全地执行多个虚拟机，与 Linux 构成一个完美的开源组合。但是，因为 XEN 的虚拟化实现直接与宿主机的内核绑定，所以其安全性会有所下降。

（3）VMware

VMware（Virtual Machine ware）是一个"虚拟 PC"软件公司，公司的产品可以使用户在一台机器上同时运行两个或两个以上的 Windows、DOS、Linux 系统。在 VMware 虚拟化技术中，每个虚拟机都包含一套完整的系统，因而不会有潜在冲突。而其作用原理是：直接在计算机硬件或主机操作系统中插入一个精简的软件层。

（4）Hyper-V

Hyper-V 是微软公司推出的一款虚拟化产品，与 XEN 一样，同样是基于 Hypervisor 的技术。设计 Hyper-V 的目的是为用户提供其更为熟悉以及成本效益更高的虚拟化基础设施软件，以降低运作成本、提高硬件利用率、优化基础设施并提高服务器的可用性。

（5）Docker

Docker 是一个开源的应用容器引擎技术，属于虚拟化技术的一种，是为应用程序提供隔离的运行空间。Docker 具有启动快、资源占用小、资源利用高等优点，但 Docker 是基于 Linux 64bit 的，无法在 Windows、Unix 或 32bit 的 Linux 环境下使用。

【想一想】

我们已经了解了虚拟化技术，你们认为虚拟化技术在 OpenStack 中扮演什么样的角色呢？

1.1.3 OpenStack

OpenStack 覆盖了网络、虚拟化、操作系统、服务器等各个方面，其既是一个项目，也是一个社区和一个开源软件。

1. OpenStack 项目发展历史

OpenStack 有许多版本，但不同于其他软件，OpenStack 采用从 A 到 Z 开头的不同单词来表示不同的版本，如图 1-10 所示。

日期	版本	模块
2010.10	Austin	Swift、Nova
2011.2	Bexar	Swift、Nova、Glance
2011.4	Cactus	Swift、Nova、Glance
2011.9	Diablo	Swift、Nova、Glance
2012.4	Essex	Swift、Nova、Glance、Keystone、Horizon
2012.9	Folsom	Swift、Nova、Glance、Keystone、Horizon、Cinder、Quantum
2013.4	Grizzly	Swift、Nova、Glance、Keystone、Horizon、Cinder、Quantum
2013.10	Havana	Swift、Nova、Glance、Keystone、Horizon、Cinder、Quantum更名为Neutron、Ceilometer、Heat
2014.4	IceHouse	Swift、Nova、Glance、Keystone、Horizon、Cinder、Neutron、Ceilometer、Heat、Trove
2014.10	Juno	Swift、Nova、Glance、Keystone、Horizon、Cinder、Neutron、Ceilometer、Heat、Trove、Sahara
2015.4	Kilo	Swift、Nova、Glance、Keystone、Horizon、Cinder、Neutron、Ceilometer、Heat、Trove、Sahara、Ironic
2015.10	Liberty	Swift、Nova、Glance、Keystone、Horizon、Cinder、Neutron、Ceilometer、Heat、Trove、Sahara、Ironic
2016.4	Mitaka	Swift、Nova、Glance、Keystone、Horizon、Cinder、Neutron、Ceilometer、Heat、Trove、Sahara、Ironic
2016.10	Newton	Swift、Nova、Glance、Keystone、Horizon、Cinder、Neutron、Ceilometer、Heat、Trove、Sahara、Ironic
2017.2	Ocata	Swift、Nova、Glance、Keystone、Horizon、Cinder、Neutron、Ceilometer、Heat、Trove、Sahara、Ironic

图 1-10 OpenStack版本发展

2010 年 7 月 19 日，在美国波特兰举办的 OSCON 大会上，OpenStack 开源项目诞生，当时只有 25 家机构宣布加入这一项目。2010 年 10 月 1 日，OpenStack 发布第一个版本 Austin，Austin 版本只包含对象存储模块 Swift 和计算模块 Nova 两个模块。OpenStack 每年固定发布两个新版本，并且在每一个新版本发布时，开发者与项目技术领导者已经开始着手规划下一个版本的细节。截止到 2018 年，OpenStack 共发布了 18 个版本，是全球发展最快的开源项目。

2. OpenStack 与云计算

IaaS 是云计算系统中最复杂、最难实现的部分，但 OpenStack 是 IaaS 层的云计算解决方案。在开源云计算软件中，OpenStack 出现得并不早，但是却以优美的代码、优雅的架构、灵活的模块从开源云计算软件中"脱颖而出"，受到各界的支持，并在国内业界引起广泛关注。

作为云计算管理平台项目，OpenStack 的项目目标是提供实施简单、可大规模扩展、丰富、标准统一的开源云计算管理平台。OpenStack 几乎支持所有类型的云环境，并覆盖了网络、虚拟化、操作系统、服务器等各个方面，能够帮助服务提供商和企业内部实现类似于 Amazon EC2（亚马逊弹性计算云，是一个让使用者可以租用云端电脑运行所需应用的系统）的云计算 IaaS。

国际上已经有许多使用 OpenStack 搭建公有云、私有云和混合云的案例，例如，RackspaceCloud、惠普云、AT&T 的 CloudArchitec 等。国内 OpenStack 的热度也不减，阿里巴巴、百度、腾讯、京东、中兴、华为等公司都对 OpenStack 怀有浓厚的兴趣，并参与其中。

OpenStack 根据成熟度及重要性被分解为核心项目、孵化项目、支持项目和相关项目，每个项目都有自己的委员会和项目技术主管。每个项目不是一成不变的，孵化项目可以根据发展的成熟度和重要性转变为核心项目。

3. OpenStack 与 CloudStack

常见的 IaaS 开源云平台有 OpenStack、CloudStack、Eucalyptus 和 OpenNebula，而 OpenStack 和 CloudStack 的发展情况和使用率已远超另两个平台。CloudStack 最初由 Cloud.com 公司开发，分为商业和开源两个版本，2011 年 7 月，Citrix 收购 Cloud.com，并将 CloudStack 完全开源。

下面，我们从架构、版本、用户界面等多方面对当下最为流行的开源云平台 OpenStack 和 CloudStack 进行对比，如图 1-11 所示。

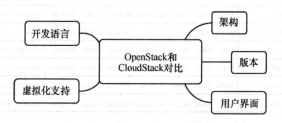

图 1-11 OpenStack 与 CloudStack 对比

（1）架构

OpenStack 采用分布式架构，平台按照功能分为多个模块项目，项目之间通过消息队列中间件和 RESTful 形式的 API 交互通信，每个项目都可以单独部署在不同的主机上。这种架构的灵活性好、耦合变低、扩展性好，非常方便用户二次开发。

CloudStack 采用集中式的单体架构，整个平台由一个项目构成，不同模块之间通过本地调用交互。其优点是方便部署，学习成本和运维成本较低，缺点是模块间的耦合度高、扩展性一般、二次开发的成本较高。

（2）版本

OpenStack 每年都会固定发布两个版本，截止到 2018 年，已经有 18 个版本，鉴于其版本众多，不同版本之间的项目可能会有较大变动，因此，版本之间可能会存在兼容性问题。而 CloudStack 的版本更新相对较慢，所以版本之间存在的兼容性问题比较少。

（3）用户界面

OpenStack 和 CloudStack 的用户界面功能都非常完善，界面既简单又美观，如图 1-12 所示。

项目1 初识OpenStack

OpenStack界面

CloudStack界面

图1-12　OpenStack和CloudStack用户界面展示

（4）虚拟化支持

OpenStack 和 CloudStack 支持的常用的虚拟化技术有 KVM、XEN 和 VMware 的 ESXi，但是，OpenStack 和 CloudStack 对 VMware 的 ESXi 虚拟化技术的支持方式不一样。OpenStack 支持和 ESXi 直接通信，以实现对虚拟机的基本管理，只有高级功能才需要 vCenter 的支持；CloudStack 要经过 vCenter 才可以实现对 ESXi 宿主机上虚拟机的管理。

（5）开发语言

OpenStack 使用 Python 语言开发，CloudStack 使用 Java 语言开发。

【知识拓展】

本教材采用 OpenStack 的原因大致有以下两个。

第一，架构分析。OpenStack 与 CloudStack 的架构几乎是相对的。几乎所有 IT 行业都讲究分布式，OpenStack 无疑是最佳选择。分布式架构灵活，可对不同项目进行单独部署，因此在后期很容易根据实际需要进行相应的功能组合，耦合度大大降低。

第二，使用率分析。OpenStack 是目前应用最广、最活跃的开源云计算项目，并且获得了许多大型厂商的支持，因此，OpenStack 的前景广阔。从此角度看，定制、开发 OpenStack，积累云计算的技术能力，对于个人或者企业的长远发展而言是非常有益的，这也是本教材所关注的。

1.1.4　任务回顾

　知识点总结

1. 云计算的特点有按需服务、超大规模、虚拟化、高可靠性、通用性、高可扩展性。
2. 云计算的三种服务模式为基础设施即服务（IaaS）、平台即服务（PaaS）、软件即服务（SaaS）。
3. 公有云和私有云的区别以及云计算行业的发展趋势。

4. 虚拟化技术的优势及分类。

5. 常用的虚拟化技术有 KVM、XEN、VMware、Hyper-V 和 Docker。

6. OpenStack 项目的不同版本有：Austin、Bexar、Cactus、Newton 和 Ocata。

7. OpenStack 是云计算开源 IaaS 平台。

8. OpenStack 与 CloudStack 从架构、版本、用户界面、虚拟化支持、开发语言 5 个方面的内容的对比。

学习足迹

任务一学习足迹如图 1-13 所示。

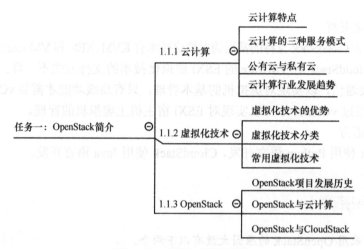

图 1-13 任务一学习足迹

思考与练习

1. 云计算的特点有按需服务、_____、_____、_____ 和通用性。
2. 简述云计算的三种服务模式。
3. 简述公有云和私有云的概念以及两者之间的区别。
4. 列举常用的虚拟化技术。
5. 简述 OpenStack 与 CloudStack 的区别。

1.2 任务二：OpenStack 架构

【任务描述】

OpenStack 由许多组件构成，每个组件都有比较复杂的系统，正是因为 OpenStack 开

项目1 初识OpenStack

发者们近乎艺术的设计，OpenStack 才得以"有条不紊"地运行。

1.2.1 OpenStack概念架构

1. OpenStack 概念架构

OpenStack 概念架构如图 1-14 所示。

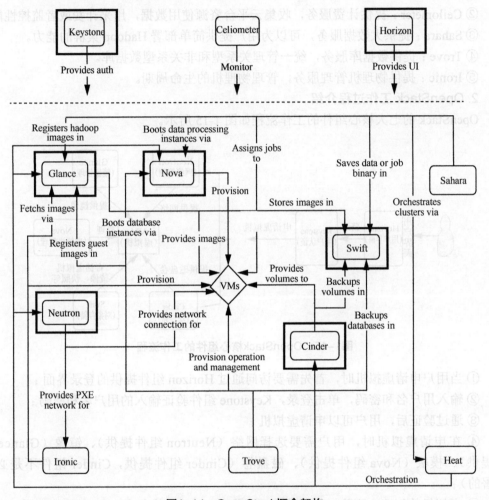

图1-14 OpenStack概念架构

从 OpenStack 概念架构图中我们能清晰地看出 OpenStack 的组成、所能提供的服务以及各个组件的功能。矩形表示的是 OpenStack 的组件，黑框标注的是 OpenStack 的七大核心组件。

① Keystone：提供用户认证服务。
② Horizon：提供 UI 服务。
③ Glance：提供镜像管理服务。
④ Nova：提供虚拟机管理服务。

13

⑤ Swift：提供对象存储服务。
⑥ Neutron：提供网络管理服务。
⑦ Cinder：提供块存储服务。

除了这七大核心组件之外，OpenStack 还有 Heat、Ceilometer、Sahara 等集成项目，简单的介绍如下。

① Heat：提供编排服务，自动化管理应用的整个生命周期。
② Ceilometer：提供计费服务，收集云平台资源使用数据，用来计费或者监控性能。
③ Sahara：提供大数据服务，可以为用户提供简单部署 Hadoop 集群的能力。
④ Trove：提供数据库服务，统一管理关系型和非关系型数据库。
⑤ Ironic：提供物理机管理服务，管理物理机的生命周期。

2. OpenStack 工作过程介绍

OpenStack 的七大核心组件的工作流程如图 1-15 所示。

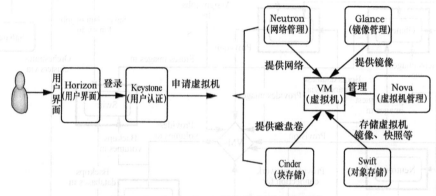

图1-15　OpenStack核心组件的工作流程

① 当用户申请虚拟机时，首先需要访问通过 Horizon 组件提供的登录界面；
② 输入用户名和密码，单击登录，Keystone 组件验证输入的用户名和密码；
③ 通过验证后，用户可以申请虚拟机；
④ 在申请虚拟机时，用户需要选择网络（Neutron 组件提供）、镜像（Glance 组件提供）、模板（Nova 组件提供）、磁盘卷（Cinder 组件提供，Cinder 组件不是必须部署的）；
⑤ 虚拟机的创建、删除、暂停等管理工作由 Nova 组件负责，Swift 组件可用于存储虚拟机镜像、备份和归档较小的文件（Swift 组件不是必须部署的）。

通过以上的流程，如果使用 OpenStack，Horizon、Keystone、Nova、Neutron、Glance 这五大组件是必须部署的，其他组件可以根据项目的需求进行选择性部署。

1.2.2　OpenStack逻辑架构

1. OpenStack 逻辑架构

OpenStack 逻辑架构如图 1-16 所示。

项目1 初识OpenStack

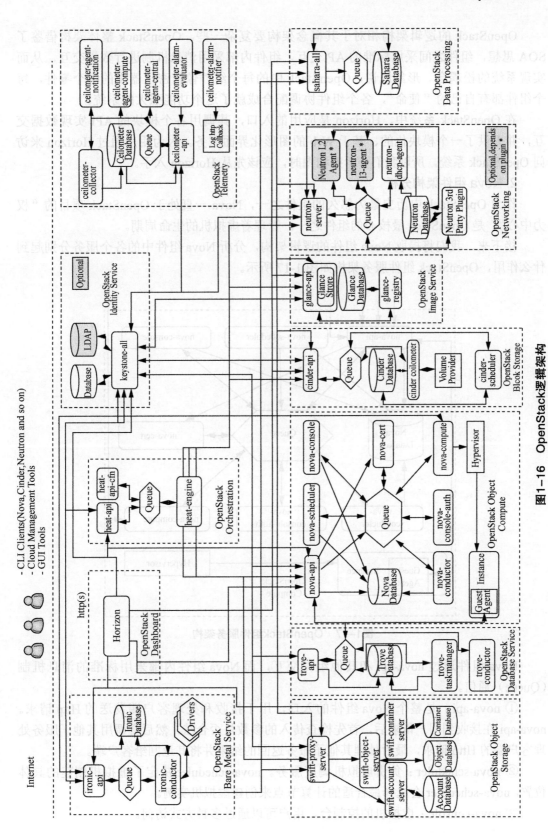

图1-16 OpenStack逻辑架构

OpenStack 的逻辑架构相对于其概念架构要复杂一些。OpenStack 整体架构借鉴了 SOA 思想，组件之间采用标准的 AP 交互，组件内部采用消息机制进行数据交互，从而实现系统的松耦合。形象地说，OpenStack 中的每个组件像精密仪器中的每个零件，每个组件都有自己的"使命"，各个组件协调配合成就了这个功能强大的系统。

在 OpenStack 系统中，Horizon 是应用的入口，其调用各个模块的 API 实现数据交互，并提供了一个模块化的、基于 Web 的图形化界面服务。因为用户通过 Horizon 来访问 OpenStack 系统，所以我们分析架构图时，应该先从 Horizon 入手。

2. Nova 组件架构分析

作为 OpenStack 中历史最为悠久的组件之一，Nova 一直处于 OpenStack 项目的"权力中心"，是 OpenStack 最核心的组件之一，管理着虚拟机的生命周期。

接下来，我们将提取 Nova 组件的逻辑架构，分析 Nova 组件中的各个服务分别起到什么作用，OpenStack 组件服务架构如图 1-17 所示。

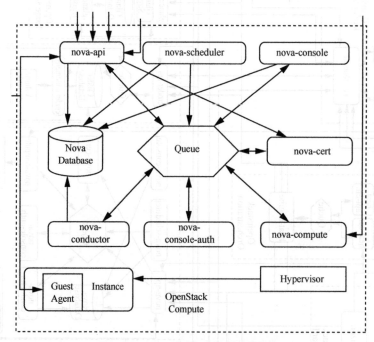

图1-17　OpenStack组件服务架构

Nova 组件通过 nova-api 和其他组件交互，而 Nova 组件内部采用标准的消息机制（Queue）通信。

① nova-api：是整个 Nova 组件的入口，用于接收和处理客户端发送的 Http 请求。nova-api 在接收到用户请求后，首先检查传入的参数是否合法，然后会调用其他子服务处理客户端的 Http 请求，最后处理其他子服务返回的结果并将其返回给客户端。

② nova-scheduler：负责虚拟机调度服务。nova-scheduler 决定了虚拟机创建的具体位置，nova-scheduler 会选择最合适的计算节点来创建虚拟机实例。

③ nova-console：虚拟机的控制台，用户可以通过多种方式访问。

④ nova-cert：用于管理证书认证，提供兼容性保障，保证所有的应用程序都能在云上运行。

⑤ nova-conductor：是 OpenStack 的一个 RPC（Remote Procedure Call Protocol，远程过程调用协议）服务，主要提供对数据库的查询和权限分配操作，实现对数据的访问。此服务避免了 nova-computer 直接访问数据库，增加了系统的安全性。

⑥ nova-console-auth：实现对 nova-console 的认证操作。

⑦ nova-computer：Nova 的核心子组件，是管理虚拟机的核心服务，负责在计算节点上对虚拟机实例进行一系列操作，通过调用 Hypervisor API 来实现虚拟机生命周期的管理。

⑧ Hypervisor：计算节点上运行的虚拟化管理程序，是虚拟机管理的最底层程序，不同的虚拟化技术提供不同的 Hypervisor，常用的 Hypervisor 有 KVM、XEN、VMWare 等。

⑨ Queue：Nova 组件中包含众多的子服务，这些子服务间的通信是通过消息队列 Queue 来实现的，OpenStack 使用 RabbitMQ 实现消息队列。

⑩ Nova Database：为 Nova 提供数据库服务，一般使用 MySQL。

3. Neutron 组件架构分析

OpenStack 的另一个核心组件 Neutron 通过 neutron-server 来接受请求，组件内部通过消息队列进行通信，消息会在 server、plugin、agent 间传递，agent 和 plugin 负责与数据库交互，如图 1-18 所示。

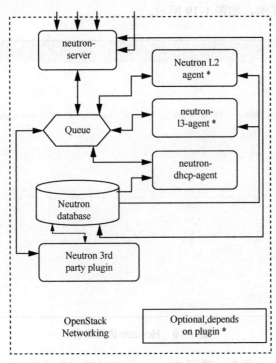

图 1-18　OpenStack 核心组件 Neutron

① neutron-server：是 Neutron 组件中唯一的一个服务进程，用于接收 API 请求来

创建网络、子网、路由器等。neutron-server 提供 RESTful API 作为访问 Neutron 的入口，neutron-server 接收用户 HTTP 的请求，最终由遍布于计算节点和网络节点上的各种 Agent（代理）来完成请求。

② Neutron L2 Agent：二层网络代理，使用最广泛的 L2 agent 有 Linux Bridge（工作于二层的虚拟网络设备，功能类似于物理的交换机）和 OpenvSwitch（具有产品级质量的虚拟交换机）。

③ neutron-l3-agent：三层网络代理，用于创建和管理虚拟路由器。

④ neutron-dhcp-agent：用于创建和管理虚拟 DHCP Server，每个虚拟网络都有一个 DHCP Server，为这个虚拟网络里面的虚拟机提供 IP。

⑤ Neutron Database：Neutron 的数据库服务，保存 Neutron 网络状态等信息。

⑥ Neutron 3rd Party Plugin：提供网络的第三方插件支持。

1.2.3　OpenStack核心组件介绍

1. Horizon 组件介绍

作为 OpenStack 的入口，Horizon 提供了一个模块化的基于 Web 的图形化界面，用户可以通过 Horizon 组件访问和控制计算、存储、网络等资源。Horizon 不仅可以管理实例、镜像、网络、模板等，也可以对实例进行卷添加、Swift 容器管理等操作；除此之外，用户还可以在控制面板中使用终端（Console）或 VNC（Virtual Network Console，虚拟网络控制台）直接访问实例，如图 1-19 所示。

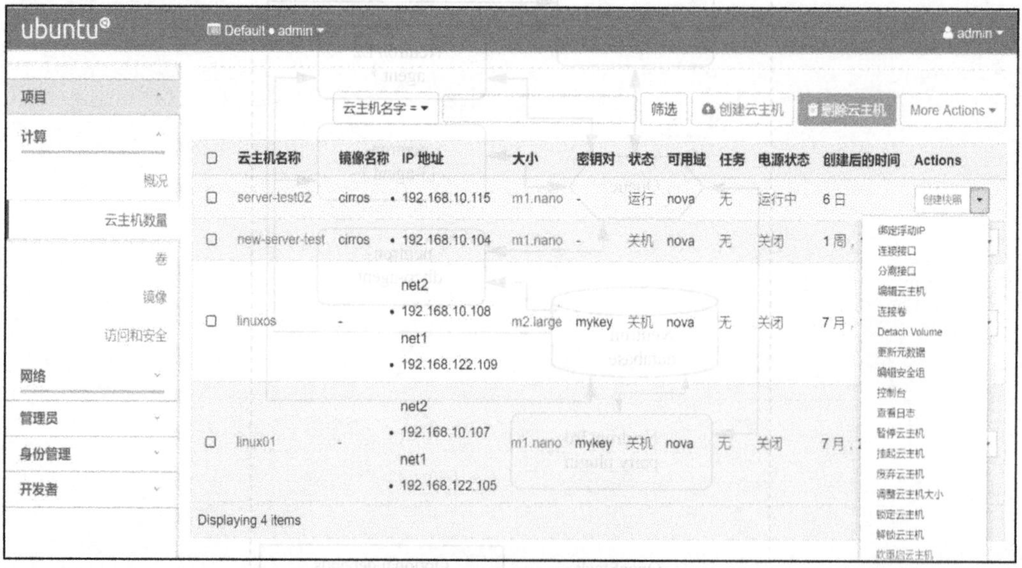

图1-19　Horizon访问界面

Horizon 采用 Django 框架，遵循 Django 框架的模式生成若干 App，将其整合在一起为 OpenStack 控制面板提供完整的实现路径。

项目1　初识OpenStack

> 【知识拓展】　什么是 Django 框架？
>
> Django 是一个由 Python 语言编写的开源 Web 应用框架，通过 Django，Horizon 可以简便、快速地开发一些 Web 应用。Django 采用 MVC（Model-View-Controller，模型—视图—控制器）模式，但是控制器接受用户输入的部分由框架自行处理，所以 Django 会更关注对模型（Model）、模板（Template）和视图（View）的处理，这就是 Django 中总提到的 MTV 模式。MTV 模式的本质和 MVC 模式一样，都是为了保持各个组件的松耦合关系，但是定义有所不同，具体不同点解释如下。
>
> M（Model）：模型，负责业务对象和数据库的关系映射。
> T（Template）：模板，负责将页面展示给用户。
> V（View）：视图，负责业务逻辑，并在适当时候调用 Model 和 Template。
> Django 的工作流程如图 1-20 所示。
>
>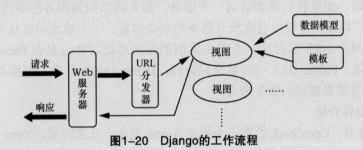
>
> 图1-20　Django的工作流程
>
> ① Web 服务器接收到一个 http 请求；
> ② Django 会在 URLconf 中找到对应的视图来处理请求；
> ③ 视图会调用相应的数据模型来存取数据，调用相应的模板来展示页面；
> ④ 视图处理结束后会返回一个 http 响应到 Web 服务器；
> ⑤ Web 服务器将响应发送给客户端。

2. Keystone 组件介绍

Keystone 在 OpenStack 系统中负责用户认证管理，包括验证用户身份、令牌管理、提供资源的服务目录等。2012 年 4 月之前，OpenStack 版本中没有 Keystone 组件，用户、消息、API 调用等认证内容均放在 Nova 模块中。在 OpenStack 的整体框架结构中，Keystone 的作用像一个服务总线，Nova、Glance、Neutron 等服务都需要通过 Keystone 来注册 Endpoint（端点可理解为服务的 URL），其他服务的任何调用都需要经过 Keystone 的身份认证，并需要获得服务的 Endpoint。

我们需要了解 Keystone 组件中的一些基本概念。

① User：用户，通过 Keystone 访问 OpenStack 的个人或程序。Keystone 会通过认证信息来判断用户请求是否合理，并为通过验证的用户分配一个令牌，用户携带此令牌可以访问相应的资源。

② Tenant：租户，可以为一个组织或者一个项目。一个用户要获得相应的权限首先需要与租户关联，同时，该用户在该租户下的角色需被指定。租户是各个服务中可供访问的资源集合，例如，在 Nova 服务中，租户可视为一组虚拟机的拥有者；在 Swift 服务中，租户为一组容器的拥有者。所以在查看资源、创建虚拟机、创建卷时都需要指定具体的租户，一个租户可以包括许多用户，一个用户也可以属于多个租户。

③ Role：角色，用户的不同的角色被赋予不同的权限。用户可以被添加到一个全局的或租户内的角色中，如果用户被添加到全局的角色中，用户可以对所有租户执行角色所规定的权限，如果用户被添加到租户内的角色中，用户仅可以在当前租户内执行角色规定的权限。

④ Service：服务，Nova、Glance、Neutron、Swift 等都属于服务。根据用户、租户和角色可以确认用户是否具有访问某些资源的权限。服务会对外暴露一个或者多个端点，用户会通过这些端点来访问所需的资源或者执行某些操作。

⑤ Endpoint：端点，可以理解为服务的访问点。端点是一个可以用来访问某个具体服务的网络地址，如果我们需要访问一个服务，那么必须知道服务的端点。Keystone 中会包含一个端点模板，模板中包含所有服务的端点信息。一个端点模板包含一个 URL 列表，列表中的每个 URL 都对应一个服务实例的访问地址，并且具有 Public、Internal 和 Admin 三种权限。Public URL 可以被全局访问，Internal URL 提供内部服务之间的访问，Admin URL 是管理员提供的服务端点。

3. Nova 组件介绍

2010 年 10 月，OpenStack 的第一个版本 Austin 诞生，从那时起，Nova 便作为非常重要的组件存在于 OpenStack 系统中。在 OpenStack 系统中，Nova 直接与底层虚拟化软件交互，负责管理虚拟机，而 OpenStack 作为云计算平台，管理虚拟机显然是非常核心的功能。

Nova 主要由 API、Compute、Conductor 和 Scheduler 4 个核心服务组成（1.2.2 小节已经进行过简单的介绍），服务之间通过消息队列进行通信，Nova 组件的核心工作流程如图 1-21 所示。

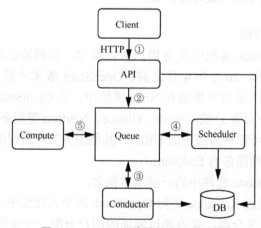

图1-21 Nova组件的核心工作流程

Client 提供创建虚拟机的 Http 指令。

① API 在接收到 Client 的 Http 请求后，将请求转换为 AMQP 消息并加入 Queue；

② Conductor 通过 Queue 接收到创建虚拟机的请求后，汇总所需要实例化的虚拟机参数；

③ Conductor 通过 Queue 告诉 Scheduler 去选择一个合适的计算节点来创建虚拟机，此时，Scheduler 会读取数据库的内容；

④ Conductor 通过 Scheduler 得到了合适的计算节点后，通过 Queue 通知 Compute 创建虚拟机。

注意：API 和 Scheduler 都可以直接访问数据库，但是引入了 Conductor 服务之后，更加规范的方法是通过 Conductor 服务操作数据库。

4. Neutron 组件介绍

网络是 OpenStack 所管理的重要资源之一，在 OpenStack 诞生之初，网络服务由 Nova 中的 Nova-network 提供。但是，OpenStack 为了提供更丰富的网络拓扑结构，支持更多的网络类型，便将 Nova-network 独立出来，进行功能的补充拓展，其发展成为今天的 Neutron 组件。

Neutron 组件中包含：neutron-server、neutron-plugin、neutron-agent、Neutron Database 和 Network Provider，功能总结如下。

① neutron-server：专门接收 Neutron REST API 的服务器，负责将不同的 REST API 分发到不同的 neutron-plugin 上。

② neutron-plugin：接收 neutron-server 分发过来的 REST API，向 Neutron Database 完成部分信息的注册，并调用 neutron-agent 处理请求。

③ neutron-agent：处理 neutron-plugin 发送的请求，接收 neutron-plugin 通知的业务操作和参数，并将其转换为具体的设备级操作，以指导设备的动作。当设备本地出现问题时，neutron-agent 会将情况通知给 neutron-plugin。

④ Neutron Database：Neutron 的数据库，部分业务的相关参数都存在这里。

⑤ Network Provider：实际执行功能的网络设备或网络服务，一般为虚拟交换机。

5. Glance 组件介绍

Image Service 项目代号是 Glance，Glance 为虚拟机提供镜像管理服务，是 OpenStack 的镜像服务组件，Glance 主要提供虚拟机镜像文件的存储、查询和检索服务，通过提供一个虚拟磁盘映像目录和存储库，为 Nova 的虚拟机提供镜像服务。现在的 Glance 具有 V1 和 V2(OpenStack-F 发布) 两个版本。

Glance RESTful API-V1 功能：提供基本的 Image 和 Member 操作，包括镜像文件的创建、删除、查询、更改和镜像 Tenant 成员的创建、删除和查询。

Glance RESTful API-V2 功能：除了拥有 V1 的功能之外，还能够实现镜像 Location 的添加、删除和修改及 Metadata、Namespace、Image Tag 等操作。

Glance 四大核心服务可总结为以下 4 点。

① Glance-API：是一个对外的 API，能够接收外部的 API 镜像请求并提供相应操作。

② Glance-registry：存储、处理、检索镜像的元数据，元数据包括镜像大小、类型等。

③ Glance-db：可以选择自己喜欢的数据库存储镜像元数据，大多数使用 MySQL。

④ Image Store：存储接口，通过此接口，Glance 可以获取镜像，存储镜像文件。

6. Cinder 组件介绍

Cinder 组件是一个资源管理系统，负责向虚拟机提供持久块存储资源，并把不同的后端存储进行封装，向外提供统一的 API。

Cinder 包含组件：cinder-api、cinder-scheduler 和 cinder-volume。

① cinder-api：整个 Cinder 组件的门户和主要服务接口，负责接受和处理外界的 API 请求，调用 cinder-volume 执行操作。

② cinder-scheduler：会基于容量 Volume Type 等条件选择最合适的存储节点 Volume。

③ cinder-volume：管理 Volume 的服务，与 Volume Provider 协调工作，管理 Volume 的生命周期。运行 cinder-volume 服务的节点为存储节点。

7. Swift 组件介绍

Swift 是 OpenStack 开源云计算项目的子项目之一。Swift 的目的是使用普通硬件构建冗余的、可扩展的分布式对象存储集群，存储容量可达 PB 级。

Swift 包括以下 10 个组件。

① 代理服务（Proxy Server）：对外提供对象服务 API，会根据环（环是 Swift 中最重要的组件，用于记录存储对象与物理位置间的映射关系）的信息查找服务地址并转发用户请求至相应的账户、容器或者对象服务；由于采用无状态的 REST 请求协议，可以横向扩展均衡负载。

② 认证服务（Authentication Server）：验证访问用户的身份信息，并获得一个对象访问令牌，在一定的时间内会一直有效；验证访问令牌的有效性并缓存下来直至过期。

③ 缓存服务（Cache Server）：缓存的内容包括对象服务令牌、账户和容器的存在信息，但不会缓存对象本身的数据；缓存服务可采用 Memcached 集群，Swift 会使用一致性散列算法来分配缓存地址。

④ 账户服务（Account Server）：提供账户元数据和统计信息，并维护所含容器列表的服务，每个账户的信息被存储在一个 SQLite 数据库中。

⑤ 容器服务（Container Server）：提供容器元数据和统计信息，并维护所含对象列表的服务，每个容器的信息也存储在一个 SQLite 数据库中。

⑥ 对象服务（Object Server）：提供对象元数据和内容服务，可以用来存储、检索和删除本地设备上的对象。

⑦ 复制服务（Replicator）：检测本地分区副本和远程副本是否一致，具体通过对比哈希文件和高级水印的方式来完成，发现不一致时会推式更新远程副本。例如，对象复制服务会使用远程文件拷贝工具 rsync 来同步；另外一个任务是确保被标记删除的对象从文件系统中移除。

⑧ 更新服务（Updater）：当对象由于高负载的原因而无法立即更新时，任务将会被序列化到本地文件系统中进行排队，以便服务恢复后进行异步更新；例如成功创建对象后容器服务器没有及时更新对象列表，这个时候容器的更新操作就会进入排队序列中，更新服务会在系统恢复正常后扫描队列并进行相应的更新处理。

⑨ 审计服务（Auditor）：检查对象、容器和账户的完整性，如果发现比特级的错误，文件将被隔离，服务会复制其他的副本以覆盖本地损坏的副本；其他类型的错误会被记录到日志中。

⑩ 账户清理服务（Account Reaper）：移除被标记为删除的账户，删除其所包含的所有容器和对象。

1.2.4 任务回顾

知识点总结

1. OpenStack 的概念架构。
2. OpenStack 七大核心组件：Keystone——提供用户认证服务；Horizon——提供 UI 服务；Glance——提供镜像管理服务；Nova——提供虚拟机管理服务；Swift——提供对象存储服务；Neutron——提供网络管理服务；Cinder——提供块存储服务。
3. OpenStack 的工作过程。
4. OpenStack 的逻辑架构。

学习足迹

任务二学习足迹如图 1-22 所示。

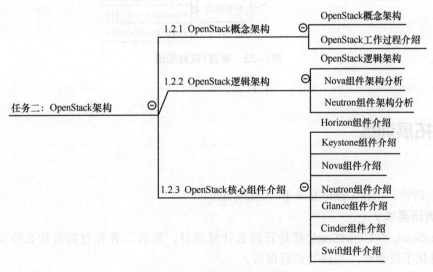

图1-22　任务二学习足迹

思考与练习

1. 简述 OpenStack 创建虚拟机的工作流程。

2. OpenStack 的七大核心组件有 _____、_____、_____、_____、
_____、_____、_____。

3. 简述 Nova 组件的工作流程。

1.3 项目总结

项目 1 为我们学习 OpenStack 打下了坚实的基础，通过本项目的学习，我们了解了云计算及虚拟化的相关知识，学习了云计算的特点、云计算的三种服务模式、虚拟化的技术优势；掌握了 OpenStack 架构概念、OpenStack 核心组件。

通过本项目的学习，我们提高了理解能力和分析能力。

项目 1 技能图谱如图 1-23 所示。

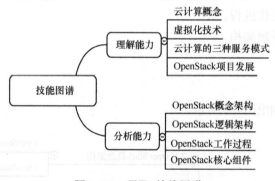

图 1-23 项目 1 技能图谱

1.4 拓展训练

网上调研：比较 OpenStack 和 CloudStack。

◆ 调研要求：

OpenStack 和 CloudStack 都是开源云计算项目，那么二者各自都有什么特点呢？请采用信息化手段调研，并撰写调研报告。

调研报告需包含以下关键点：

① OpenStack 优缺点和工作流程；

② CloudStack 优缺点和工作流程。

◆ 格式要求：需提交调研报告的 Word 版本，并采用 PPT 的形式汇报展示。

◆ 考核方式：采取课上发言的形式，时间要求 3~5 分钟。

◆ 评估标准：见表 1-1。

表1-1 拓展训练评估表

项目名称： 比较OpenStack和CloudStack	项目承接人： 姓名：	日期：
项目要求	评价标准	得分情况
总体要求： ① 表述清楚OpenStack和CloudStack的优缺点； ② 简述OpenStack和CloudStack工作流程并画出流程图	① 逻辑清晰，语言表达清楚、准确（40分）； ② 调研报告文档规范（30分）； ③ 描述正确并画出流程图（30分）	
评价人	评价说明	备注
个人		
老师		

项目 2
走进 OpenStack API

项目引入

没有做过软件开发的人可能不太清楚什么是 API。API（Application Programming Interface，应用程序编程接口）的作用是你不需要关心源代码是怎样写的，也不需要知道实现功能的具体业务逻辑，你只需根据 API 说明文档进行调用便可，API 作用如图 2-1 所示。

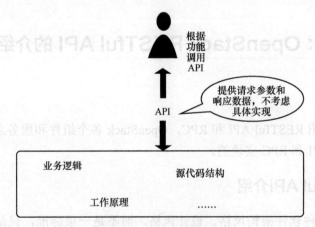

图2-1 API作用简图

OpenStack 的 API 非常丰富，你需要的功能都能在官网的 API 文档中找到，OpenStack 内部也有很多功能是通过调用 API 来实现的。

知识图谱

项目 2 知识图谱如图 2-2 所示。

云应用系统开发

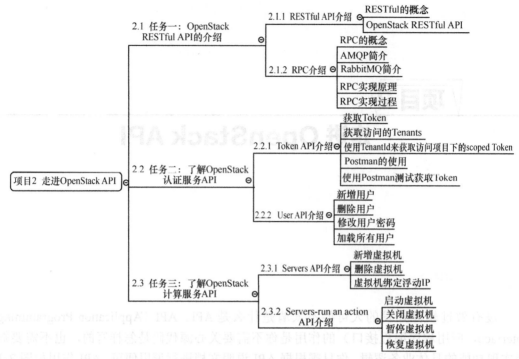

图2-2 项目2知识图谱

2.1 任务一：OpenStack RESTful API 的介绍

【任务描述】

2.1 节主要介绍 RESTful API 和 RPC，OpenStack 各个组件和服务之间的消息传递都是通过 RESTful API 和 RPC 实现的。

2.1.1 RESTful API介绍

RESTful 是一种软件架构风格、设计风格，而不是一项标准，只是提供了一组设计原则和约束条件。RESTful 主要用于客户端和服务器交互类的软件。基于此风格设计的软件架构更简洁、更有层次，更易于实现缓存等机制，所以得到越来越多的网站青睐，如果一个架构符合 RESTful 原则，它就是 RESTful 架构。

1. RESTful 的概念

REST（Representational State Transfer，表征状态转移）是罗伊•菲尔丁在其博士论文《Architectural Styles and the Design of Network-based Software Architectures》提出的一种软件架构风格，一般，满足这种设计风格的 API 被称作 RESTful API。由于这种软件设计风格非常适合通过 Http 来实现，因此 Http 是目前实现 RESTful API 的主要方案。

REST 有资源、统一接口、URI 和无状态 4 个特点。以下，我们将逐一介绍这 4 个特点。

（1）资源

资源是网络上的一个实实在在的本体或者一条具体信息。资源可以是一段优美的文字、一张漂亮的图片、一首动听的歌曲、一种必要的服务。

资源总要通过某种载体反应其对应的内容，文本可以用 TXT 格式表现，也可以用 HTML 格式、XML 格式表现，甚至可以通过二进制格式表现；图片可以用 JPG 格式表现，也可以用 PNG 格式表现，JSON 是目前最常用的资源表现格式。

（2）统一接口

RESTful 架构风格规定，数据的 CRUD 操作即数据的增、删、查、改操作，分别对应于 Http 方法：GET 用来获取资源，POST 用来新建资源（也可以用于更新资源），PUT 用来更新资源，DELETE 用来删除资源、统一数据操作的接口。

（3）URI

可以用一个 URI（统一资源定位符）指向资源，即每个 URI 都对应一个特定的资源，要获取这个资源，访问其 URI 就可以，因此 URI 就成了每一个资源的地址或识别符。

一般情况下，每个资源至少有一个对应的 URI，最典型的 URI 即 URL。URI 是统一资源标识符，而 URL 是统一资源定位符。因此，每个 URL 都是 URI，但每个 URI 不一定都是 URL。

（4）无状态

所谓无状态的，即所有的资源都可以通过 URI 定位，而且这个定位与其他资源无关，也不会因为其他资源的变化而改变。

有状态和无状态的区别，举个简单的例子加以说明，假如，财务部要查询一个员工的工资数据，只有财务部人员可以登录查询系统，并且需要通过身份认证后，才能进入工资查询界面，然后再操作相关的流程，最终查出该员工的工资数据，这个过程我们就称之为有状态，因为查询工资的每一步操作都依赖于前一步操作，只要前置操作不成功，后续操作便无法执行；如果输入一个 URL 即可得到指定员工的工资，则这种情况是无状态，因为获取工资数据不依赖于其他资源或状态，且这种情况下，员工工资数据是一个资源，由一个 URL 与之对应，可以通过 Http 中的 GET 方法得到，这是典型的 RESTful 风格。

RESTful 架构如下：

① 每一个 URI 代表一种资源，独一无二；

② 客户端和服务器之间传递这种资源的某种表现层；

③ 客户端通过 4 个 HTTP 动词操作服务器端资源，实现"表现层状态转化"。

2. OpenStack RESTful API

OpenStack 项目作为一个 IaaS 平台，提供以下三种使用方式。

① 通过 Web 界面，即通过 Dashboard（面板）来使用平台上的功能。

② 通过命令行，通过 Keystone、Nova、Neutron 等命令，或者通过最新的 OpenStack 命令来使用各个服务的功能（社区目前的发展目标是使用一条单一的 OpenStack 命令替代过去每个项目一条命令的方式，以后只会存在一条 OpenStack 命令）。

③通过API，通过各个OpenStack项目提供的API来使用各个服务的功能。

OpenStack基于Http和JSON来实现自己的RESTful API，当一个服务要提供API时，便会启动一个Http服务端，对外提供RESTful API。

OpenStack API都是采用Http实现的符合REST规范的API，OpenStack API截图如图2-3所示。

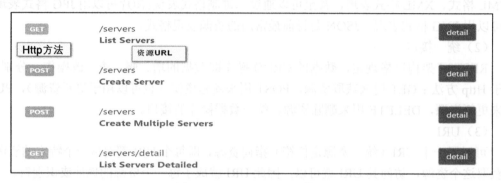

图2-3 OpenStack API截图

2.1.2 RPC介绍

在OpenStack中，OpenStack各组件之间是通过REST接口相互通信的，而各组件内部则采用远程过程调用（RPC）进行通信。RPC采用了高级消息队列协议（AMQP）实现进程间的通信，AMQP是采用RabbitMQ实现的。

OpenStack的设计原则如下：

① 项目之间通过RESTful API通信；

② 项目内部不同服务进程之间通过消息总线进行通信。

OpenStack库（oslo.messaging库提供接口）实现了通过以下两种方式完成的项目内部服务进程之间的通信。

（1）远程过程调用（RPC）

一个服务进程可以调用其他远程服务进程的方法，调用方式为call和cast。

rpc.call：同步远程调用，远程方法被同步执行，调用者阻塞直到服务器响应结果返回。

rpc.cast：异步远程调用，调用者请求发送之后立即返回，远程方法会立即执行，但是调用者会利用其他方式查询远程调用的结果。

（2）事件通知（Event Notification）

某个服务进程可以把事件通知发送到消息总线上，该消息总线上对此事件感兴趣的服务进程可以获得此事件通知并进行进一步处理，处理结果不会反馈给事件发送者。

1. RPC的概念

RPC（Remote Procedure Call，远程过程调用）是一种通过网络从远程计算机应用程序上请求服务，而不需要了解底层网络技术的协议。A和B两台服务器，A服务器中的应用程序想要调用 B 服务器应用程序上的方法，这时候由于两个应用程序不在同一个内存空间，因此不能直接调用，这时候需要通过网络来表达调用的语义和传达调用的数据。

RPC 调用分为以下两种情况。

① 同步调用：客户方等待调用执行完成并返回结果。

② 异步调用：客户方调用后不用等待执行结果返回，但依然可以通过回调通知等方式获取返回结果。若客户方不关心调用返回结果，则变成单向异步调用，单向调用不用返回结果。

异步和同步的区分在于是否等待服务端执行完成并返回结果。

2. AMQP 简介

（1）AMQP 的概念

AMQP（Advanced Message Queuing Protocol，高级消息列队协议）是一个提供统一消息服务的应用层标准协议，是应用层协议的一个开放标准，为面向消息的中间件设计。AMQP 基于此协议的客户端与消息中间件可传递消息，并不受客户端/中间件不同产品，不同的开发语言等条件的限制。知名的 RabbitMQ 服务器是 AMQP 的一个实现，RabbitMQ 实现了 AMQP 的消息中间件服务。

AMQP 为异步消息传递所使用，主要包括消息的导向、队列、路由、可靠性和安全性。对实现 AMQP 的中间件服务（Server/Broker）来说，当不同的消息由生产者发送到 Server 时，Server 会根据不同的条件将消息传递给不同的消费者。

（2）AMQP 的模型和原理

在 AMQP 模型中，Exchange（交换器）和 Queue（队列）来实现处理过程。生产者将消息发送到 Exchange，由 Exchange 决定消息的路由，即决定将消息发送到哪个 Queue，消费者再从 Queue 中取出消息处理。

Exchange 本身不会保存消息，只是根据不同的条件，将从生产者处接收到的消息转发到不同的 Queue，这里的条件称为绑定；Exchange 在接收到消息后，会查看消息属性、消息头和消息体，从中提取相关的信息，根据绑定表将消息转发给不同的 Queue 或者其他的 Exchange。

每一个发送的消息都有一个 Routing Key，同样地，每一个 Queue 有一个 Binding Key。当 Exchange 决定消息的路由时，会查询每一个 Queue 是否匹配，匹配消息会转发到匹配的 Queue 中。

不同类型的 Exchange 会使用不同的匹配算法。

（3）AMQP 中包含的主要元素

① 生产者（Producer）：向交换器发布消息的应用。

② 消费者（Consumer）：从消息队列中消费消息的应用。

③ 消息队列（Message Queue）：服务器组件，保存消息，将其直到发送给消费者。

④ 消息（Message）：传输的内容。

⑤ 交换器（Exchange）：路由组件，接收生产者发送的消息，并将消息路由转发给消息队列。

⑥ 虚拟主机（Virtual Host）：一批交换器、消息队列和相关对象。虚拟主机是共享

相同身份认证和加密环境的独立服务器域。

⑦ 服务端（Broker）：AMQP 的服务端。

⑧ 连接（Connection）：一个网络连接，比如 TCP/IP 套接字连接。

⑨ 信道（Channel）：多路复用连接中的一条独立的双向数据流通道，为会话提供物理传输介质。

⑩ 绑定器（Binding）：消息队列和交换器直接的关联。

（4）AMQP 的各个组成部分

① Producer（消息生产者）和 Consumer（消息消费者）构成了 AMQP 的客户端，其为发送消息和接收消息的主体。AMQP 服务端称作 Broker，一个 Broker 中一定包含完整的 Virtual Host（虚拟主机）、Exchange（交换器）、Queue（队列）定义。

② 一个 Broker 可以创建多个 Virtual Host，Exchange 和 Queue 都是虚拟机中的工作元素（还有 User 元素）。注意，如果 AMQP 是由多个 Broker 构成的集群，因此，一个 Virtual Host 也可以由多个 Broker 共同构成。

③ Connection 是由 Producer 和 Consumer 创建的，负责连接到 Broker 物理节点。如果有了 Connection 后，客户端还不能和服务器通信，在 Connection 之上的客户端可以创建 Channel，连接到 Virtual Host 或者 Queue 上，这样客户端才能向 Exchange 发送消息或者从 Queue 接收消息。一个 Connection 上允许存在多个 Channel，只有在 Channel 中才能够发送/接收消息。

④ Exchange 元素是 AMQP 中的交换器，可以绑定多个 Queue 也可以同时绑定其他 Exchange。消息通过 Exchange 时，会根据 Exchange 中设置的路由规则，被发送到符合的 Queue 或者 Exchange 中。

（5）AMQP 通信原理

AMQP 通信原理如图 2-4 所示。

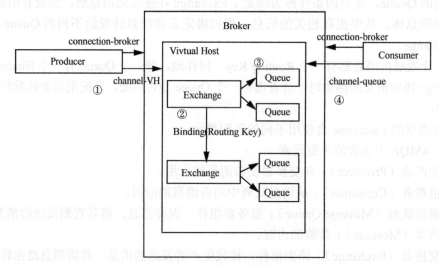

图2-4　AMQP通信原理

① Producer 客户端建立了 Channel 后，便建立了到 Broker 上 Virtual Host 的连接。接下来，Producer 可以向 Virtual Host 中的 Exchange 发送消息。

② Exchange 能够处理消息的前提是：其至少已经和某个 Queue 或者另外的 Exchange 形成了绑定关系，并设置好了到这些 Queue 和 Exchange 的 Routing。在 Exchange 收到消息后，会根据设置的 Routing，将消息发送到符合要求的 Queue 或者 Exchange 中（路由规则还会和 Message 中的 Routing Key 属性配合使用）。

③ Queue 收到消息后，会分情况处理：如果当前没有 Consumer 的 Channel 连接到这个 Queue，那么 Queue 会存储这条消息直到有 Channel 被创建（AMQP 不同实现产品中，存储方式又不尽相同）；如果已经有 Channel 连接到这个 Queue，那么消息将会按顺序被发送给这个 Channel。

④ 当 Consumer 收到消息后，可以处理消息，但是整个消息传递的过程还没有完成：视设置情况而定，Consumer 在处理完成某一条消息后，需要手动发送一条 ACK（确认字符）消息给对应的 Queue（可以设置为自动发送，或者无须发送）。Queue 在收到 ACK 消息后，才会确认这条消息处理成功，并将这条消息从 Queue 中移除；如果在对应的 Channel 断开后，Queue 都没有收到 ACK 消息，这条消息将会重新被发送给其他的 Channel。当然，还可以发送 NACK（不确认信息）消息，这样这条消息将会立即归队，并被发送给其他的 Channel。

3. RabbitMQ 简介

RabbitMQ 是实现 AMQP 的消息中间件的一种形式，最初起源于金融系统，用于在分布式系统中存储转发消息。在易用性、扩展性、高可用性等方面都具有很好的优势，实现了系统间双向解耦。当生产者生产的数据大于消费者消费的数据时，便需要一个中间层来保存这些多余的数据。

消息中间件主要用于组件之间的解耦，消息的发送者无须知道消息使用者的存在，反之亦然。

MQ 是消费者—生产者模型的一个典型的代表，一端从消息队列中不断写入消息，而另一端则可以读取或者订阅队列中的消息。MQ 是遵循了 AMQP 的具体实现的产品。

（1）RabbitMQ 的优点（适用范围）

① 基于 Erlang 语言开发，具有高可用和高并发的优点，适合集群搭建；

② 稳定、易用、可跨平台、支持多种语言、文档齐全；

③ 有消息确认和持久化机制，可靠性高；

④ 开源。

（2）消息中间件的作用

消息中间件最标准的用法是生产者生产消息传送到队列，消费者从队列中获取消息并处理，生产者和消费者彼此不用关心消息的去处，从而达到解耦的目的。在分布式的系统中，消息队列也会被用在其他方面，比如：分布式事务的支持、RPC 的调用等。

4. RPC 实现原理

RPC 实现原理如图 2-5 所示。

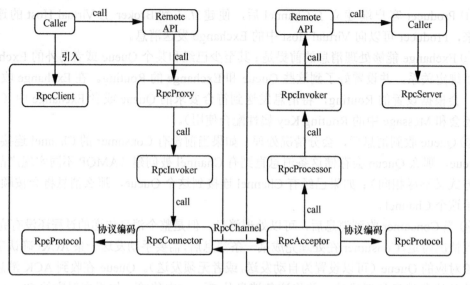

图2-5 RPC实现原理

① RpcServer：负责导出远程接口。
② RpcClient：负责导入远程接口的代理实现。
③ RpcProxy：远程接口的代理实现。
④ RpcInvoker：客户方实现负责编码调用消息和发送调用请求到服务端并等待调用结果返回；服务方实现负责调用服务端接口的具体实现并返回调用结果。
⑤ RpcProtocol：负责协议编/解码。
⑥ RpcConnector：负责维持客户端和服务端的连接通道及发送数据到服务端。
⑦ RpcAcceptor：负责接收客户端请求并返回请求结果。
⑧ RpcProcessor：负责在服务端控制调用过程，包括管理调用线程池、超时时间等。
⑨ RpcChannel：数据传输信道。

5. RPC 实现过程

① RPC 服务端通过 RpcServer 导出远程接口方法，而客户端通过 RpcClient 引入远程接口方法。

② 客户端像调用本地方法一样去调用远程接口方法，RPC 框架提供接口的代理实现，实际的调用将委托给 RpcProxy。

③ 代理封装调用消息并将调用转交给 RpcInvoker 去实际执行。

④ 客户端的 RpcInvoker 通过 RpcConnector 去维持与服务端的 RpcChannel，并使用 RpcProtocol 执行协议编码并将编码后的请求消息通过信道发送给服务方。

⑤ RPC 服务端 RpcAcceptor 接收客户端的调用请求，同样使用 RpcProtocol 执行协议解码。

⑥ 解码后的调用消息传递给 RpcProcessor 去处理，最后再委托调用给 RpcInvoker 去实际执行并返回调用结果。

2.1.3 任务回顾

知识点总结

1. RESTful 是一种软件架构风格、设计风格，而不是标准，它只是提供了一组设计原则和约束条件。

2. REST 的特点为：资源、统一接口、URI 和无状态。

3. RESTful 架构风格 CREATE、READ、UPDATE 和 DELETE 分别对应于 Http 方法：GET 用来获取资源，POST 用来新建资源（也可以用于更新资源），PUT 用来更新资源，DELETE 用来删除资源。

4. RPC 分为同步远程调用和异步远程调用。

5. OpenStack 的设计原则：项目之间通过 RESTful API 进行通信；项目内部的不同服务进程之间通过消息总线进行通信。

6. RPC（Remote Procedure Call Protocol，远程过程调用协议）是一种通过网络从远程计算机程序上请求服务，而不需要了解底层网络技术的协议。

7. AMQP（Advanced Message Queuing Protocol）是一个提供统一消息服务的应用层高级消息队列协议，是应用层协议的一个开放标准，为面向消息的中间件设计。

8. AMQP 中包含的主要元素包括：生产者（Producer）、消费者（Consumer）、消息队列（Message Queue）、消息（Message）、交换器（Exchange）、虚拟主机（Virtual Host）、服务端（Broker）、连接（Connection）、信道（Channel）、绑定器（Binding）。

9. RabbitMQ 是实现 AMQP 的消息中间件的一种形式，最初起源于金融系统，用于在分布式系统中存储转发消息，在易用性、扩展性、高可用性等方面有很大的优势。

10. RPC 实现原理。

学习足迹

任务一学习足迹如图 2-6 所示。

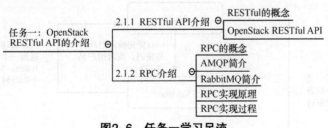

图 2-6　任务一学习足迹

思考与练习

1. RPC 远程调用分为 ＿＿＿＿＿＿＿ 和 ＿＿＿＿＿＿＿ 。

2. RESTful 的 4 个特点为 _____、_____、_____、
_____。

3. 请简述 AMQP 是如何实现通信的。

4. AMQP 中包含的主要元素有 _____、_____、_____、
_____、_____、_____、_____、_____。

5. 请简述 RPC 的实现原理。

2.2 任务二：了解 OpenStack 认证服务 API

【任务描述】

在 2.1 节中，我们了解了 OpenStack 的各个服务之间是通过统一的 REST 风格的 API 进行调用的，Keystone 组件在 OpenStack 框架中负责认证服务的 API。在本节任务中，我们主要学习 OpenStack 的认证服务 API 的调用。

2.2.1 Token API 介绍

Keystone 是 OpenStack 框架中负责管理身份验证、服务规则和服务令牌功能的模块。OpenStack 通过调用 Keystone 组件相关的 API 来获取 Token。Token 是访问资源的钥匙，OpenStack 各组件通过携带 Token 可以与其他服务交互。但是每个 Token 都有一个有效期，Token 只有在有效期内才是有效的，过期后需要重新获取。用户访问资源需要验证用户的身份与权限，服务执行操作也需要进行权限检测，这些都需要通过 Keystone 来处理。Keystone 类似一个服务总线，或者说是整个 OpenStack 框架的注册表，其他服务通过 Keystone 来注册其服务的 Endpoint（服务访问的 URL），任何服务之间的调用，都需要经过 Keystone 的身份验证，从而获得目标服务的 Endpoint 来找到相应的服务。

Keystone 在整个流程中起到身份认证的作用。图 2-7 为用户访问 Nova 的工作流程。

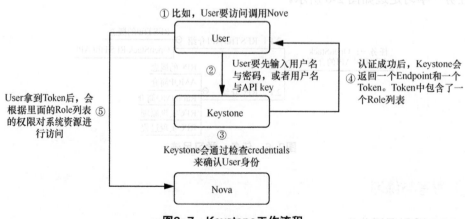

图2-7　Keystone工作流程

项目2 走进OpenStack API

在上面的学习中，我们已经了解了Keystone的工作流程，下面，我们一起来学习如何调用Keystone的API。在本任务中，我们要学习调用的3个API见表2-1。

表2-1 调用API

API	作用	请求方式
/v2.0/tokens	获取OpenStack令牌tokenId	POST
/v2.0/tenants	获取tenants，得到用户下的所有项目（tenantId）	GET
/v2.0/tokens	得到admin用户下，admin项目的令牌tokenId（这里以admin用户为例）	POST

（1）获取 Token

Keystone 有两大类型的 Token，即 unscoped Token 和 scoped Token。unscoped Token 没有与特定的 Tenant 绑定，为获取到的令牌 tokenId。scoped Token 是与某个特定的 tenant 绑定，为获取到的某一项目下的 tokenId。

1）获取 unscoped Token。

首先，我们需要确认要访问哪个 Tenant。调用 Keystone API 来获取一个 unscoped Token，通过 unscoped Token 我们能够查询 Keystone Service，确定能访问哪些 Tenants。使用 POST /v2.0/Tokens Keystone API，获取能访问的 unscoped Token，其中，Headers 请求为 Content-Type、application/json。

获取 unscoped Token 的请求参数见表 2-2。

表2-2 请求参数

Name	In	Type
Username（Optional）	body	string
PasswordCredentials（Optional）	body	string
TenantId（Optional）	body	string
Token（Optional）	body	object
TenantName（Optional）	body	string
Password（Optional）	body	string
Id（Optional）	body	string

① Username：用户名。可选选项，如果包含 PasswordCredentials 对象，则为必需，否则，必须提供令牌。

② PasswordCredentials：可选选项，一个 PasswordCredentials 对象要验证身份，必须提供用户 ID、密码或令牌。

③ TenantId：租客 Id。可选选项，TenantId 和 TenantName 属性都是可选的、相互排斥的。如果同时指定这两个属性，服务器会返回错误响应代码：Bad Request（400）。

④ Token：一个 Token 对象。可选选项，如果没有提供密码凭据，则为必需。

⑤ TenantName：租客名称。可选选项，TenantId 和 TenantName 属性都是可选的、

相互排斥的。如果同时指定这两个属性，服务器会返回错误响应代码：Bad Request (400)。

⑥ Password：用户密码。可选选项，如果包含PasswordCredentials对象，则为必需。否则，必须提供令牌。

⑦ Id：令牌Id。可选选项，Token对象中需要此字段。

获取unscoped Token请求参数示例代码如下：

请求URL：POST http://localhost:5000/v2.0/tokens。

【代码 2-1】 Request parameters

```
1 {
2   "auth":{
3     "passwordCredentials":{
4       "username":"admin","password":"admin"}
5 }}
```

2）如果认证成功，返回响应参数代码如下：

【代码 2-2】 Response

```
1  {
2    "access": {
3      "token": {
4        "issued_at":"2017-10-24T09:28:40.000000Z",
5        "expires":"2017-10-24T10:28:40Z",
6        "id":"gAAAAABZ7wfIUuKz3t3IchSOKfAkUAvDgX5VhC4c-
7A1TYDRzjSK1D-u460DMXkjTdCD-kXV8jpv1tjrS5LIiwFbBEe1WbxGP_uR5BXQ-z-
Nb_rqafq7CjwliY9ZK2ytLRSbj2N7quvdTHQcmN_TvfHtNR3t3KvHQw",
7        "audit_ids": [
8          "SeN-y67PTGSvNGzQ54-xGg"
9        ]
10     },
11     "serviceCatalog": [],
12     "user": {
13       "username":"admin",
14       "roles_links": [],
15       "id":"8905f372b9454aa185f308165b1f44fd",
16       "roles": [],
17       "name":"admin"
18     },
19     "metadata": {
20       "is_admin": 0,
21       "roles": []
22     }
23   }
24 }
```

① Issued_a：获取unscoped Token的时间。

② Expires：unscoped Token的到期时间。

③ TokenId：此Id为获取的令牌unscoped Token，unscoped Token将在下次请求租户时，作为X-Auth-Token的值，用来标识身份。

④ ServiceCatalog：ServiceCatalog对象列表。

项目2 走进OpenStack API

3）在发送的 API 请求中将认证 unscoped Token 填入 X-Auth-Token 字段，可以一直使用这个认证 unscoped Token 发送 API 请求，直到任务完成或出现 401 非认证错误。

4）如果出现 401 非认证错误，说明此 Token 已经过期，需要重新请求认证。

（2）获取访问的 Tenants

获取 TenantId，使用 unscoped Token 来获取能访问的 Tenants，所有在 Service Endpoint 上执行的操作都需要一个 scoped Token 来认证。使用 GET /v2.0/tenants Keystone API，获取能访问的 Tenants，其中 Headers 请求为 X-Auth-Token，将 unscoped Token 写入 X-Auth-Token 中，最终得到一个 Tenants 数组，里面包含了能够访问的 TenantId。

请求 URL GET http://localhost:5000/v2.0/tenants。

获取 TenantId 响应参数，具体代码如下：

【代码2-3】 Response

```
1  {
2    "tenants_links": [],
3    "tenants": [
4      {
5        "description":"Bootstrap project for initializing the cloud.",
6        "enabled": true,
7        "id":"a7afaa670d7c4c79b060a28d13daada8",
8        "name":"admin"
9      }
10   ]
11 }
```

请求返回响应参数见表 2-3。

表2-3 获取TenantId响应参数

Name	In	Type
Description	body	string
Tenants_links	body	array
Enabled	body	boolean
Tenants	body	array
Id	body	string
Name	body	string

① Description：租客描述的说明。
② Tenants_links：租户的连接。
③ Enabled：指示租户是启用还是禁用。
④ Tenants：一个或多个租户对象。
⑤ Id：租客 Id，为我们要获取的 TenantId。
⑥ Name：租客名称。

（3）使用 TenantId 来获取访问项目下的 scoped Tokens

39

1）获取 scoped Tokens。

获取了能够访问的 TenantId，访问 admin 的 Tenants（上面请求示例中以管理员 admin 身份请求，获取 admin 的 TenantId）获取 scoped Tokens，scoped Token 与某个特定的 Tenant 绑定，使用 POST /v2.0/tokens keystone API，获取 scoped Tokens，像第一步获取 unscoped Token 一样，只是此次请求确定了具体访问的 Tenant，其中，Headers 请求为 Content-Type、application/json。

请求参数见表 2-4。

表2-4 scoped Tokens请求参数

Name	In	Type
Username（Optional）	body	string
PasswordCredentials（Optional）	body	string
Tenantid（Optional）	body	string
Token（Optional）	body	object
TenantName（Optional）	body	string
Password（Optional）	body	string
Id（Optional）	body	string

① Username：用户名。可选选项，如果包含 PasswordCredentials 对象，则为必需，否则，必须提供令牌。

② PasswordCredentials：可选选项，一个 PasswordCredentials 对象要进行身份验证，必须提供用户 ID、密码或令牌。

③ TenantId：租客 Id。可选选项，TenantId 和 TenantName 属性都是可选的、相互排斥的。如果同时指定这两个属性，服务器会返回错误响应代码：Bad Request (400)。

④ Token：一个 Token 对象。可选选项，如果没有提供密码凭据，则为必需。

⑤ TenantName：租客名称。可选选项，TenantId 和 TenantName 属性都是可选的、相互排斥的。如果同时指定这两个属性，服务器会返回错误响应代码：Bad Request (400)。

⑥ Password：用户密码。可选选项，如果包含 PasswordCredentials 对象，则为必需，否则，必须提供令牌。

⑦ Id：令牌 Id。可选选项，Token 对象中需要此字段。

获取 scoped Tokens 请求参数示例具体代码如下：

请求 URL POST http://localhost:5000/v2.0/tokens

【代码2-4】 Request parameters

```
1  {
2      "auth":{
3          "passwordCredentials":{
4              "username":"admin","password":"admin"},
5          "tenantId":"a7afaa670d7c4c79b060a28d13daada8"}
6  }
```

2）如果认证成功，返回响应具体代码如下：

【代码2-5】 Response

```
1  {
2    "access": {
3      "token": {
4        "issued_at":"2017-10-26T01:00:46.000000Z",
5        "expires":"2017-10-26T02:00:46Z",
6        "id":"gAAAAABZ8TO-K-RsKlChU1bWPGh8eyEs_S7wtvNsbaBazVd3o371oFVoSikxfZ5D25RQyIL-f7arexo-s2XaY9tQRUIGQ1icmQBblvQLqL_1phIVH2XIqmccJBrS2vGOUHdRujGOPvPBe9VLZZpFx5GQx5_Ah7yNtcAM4nXAxn5I9feUVcWGY_I",
7        "tenant": {
8          "description":"Bootstrap project for initializing the cloud.",
9          "enabled": true,
10         "id":"a7afaa670d7c4c79b060a28d13daada8",
11         "name":"admin"
12       },
13       "audit_ids": [
14         "UiZIcqSPTNyQie_2ka97Fw"
15       ]
16     },
17     "serviceCatalog": [
18       {
19         "endpoints": [
20           {
21             "adminURL":"http://controller:8774/v2.1/a7afaa670d7c4c79b060a28d13daada8",
22             "region":"RegionOne",
23             "internalURL":"http://controller:8774/v2.1/a7afaa670d7c4c79b060a28d13daada8",
24             "id":"11640ffdaa094f19ae0e1b18dd45d559",
25             "publicURL":"http://controller:8774/v2.1/a7afaa670d7c4c79b060a28d13daada8"
26           }
27         ],
28         "endpoints_links": [],
29         "type":"compute",
30         "name":"nova"
31       },
32       {
33         "endpoints": [
34           {
35             "adminURL":"http://controller:9696",
36             "region":"RegionOne",
37             "internalURL":"http://controller:9696",
38             "id":"1116ec0987fa45d0a59141a317e1f6cd",
39             "publicURL":"http://controller:9696"
40           }
```

```
41            ],
42            "endpoints_links": [],
43            "type":"network",
44            "name":"neutron"
45          },
46          {
47            "endpoints": [
48              {
49                "adminURL":"http://controller:8776/v2/a7afaa670d7c4c79b060a28d13daada8",
50                "region":"RegionOne",
51                "internalURL":"http://controller:8776/v2/a7afaa670d7c4c79b060a28d13daada8",
52                "id":"1660e8435f6e4a8e9b4b2ab4ac6eb9b6",
53                "publicURL":"http://controller:8776/v2/a7afaa670d7c4c79b060a28d13daada8"
54              }
55            ],
56            "endpoints_links": [],
57            "type":"volumev2",
58            "name":"cinderv2"
59          },
60          {
61            "endpoints": [
62              {
63                "adminURL":"http://controller:9292",
64                "region":"RegionOne",
65                "internalURL":"http://controller:9292",
66                "id":"32ad329541bb4f1dafbe586af0c50203",
67                "publicURL":"http://controller:9292"
68              }
69            ],
70            "endpoints_links": [],
71            "type":"image",
72            "name":"glance"
73          },
74          {
75            "endpoints": [
76              {
77                "adminURL":"http://controller:8776/v1/a7afaa670d7c4c79b060a28d13daada8",
78                "region":"RegionOne",
79                "internalURL":"http://controller:8776/v1/a7afaa670d7c4c79b060a28d13daada8",
80                "id":"050c552272ed49e7832de28797a099c7",
81                "publicURL":"http://controller:8776/v1/a7afaa670d7c4c79b060a28d13daada8"
82              }
83            ],
```

```
84        "endpoints_links": [],
85        "type":"volume",
86        "name":"cinder"
87      },
88      {
89        "endpoints": [
90          {
91            "adminURL":"http://controller:35357/v3/",
92            "region":"RegionOne",
93            "internalURL":"http://controller:35357/v3/",
94            "id":"13edab5cc2c74c46b66055c4e551db41",
95            "publicURL":"http://controller:5000/v3/"
96          }
97        ],
98        "endpoints_links": [],
99        "type":"identity",
100       "name":"keystone"
101     }
102     ],
103     "user": {
104       "username":"admin",
105       "roles_links": [],
106       "id":"8905f372b9454aa185f308165b1f44fd",
107       "roles": [
108         {
109           "name":"admin"
110         }
111       ],
112       "name":"admin"
113     },
114     "metadata": {
115       "is_admin": 0,
116       "roles": [
117         "2daf4c8cb31f42ce8227289b85c73001"
118       ]
119     }
120   }
121 }
```

请求成功返回响应参数见表2-5。

表2-5　scoped Tokens响应参数

Name	In	Type
Impersonation（Optional）	body	boolean
Endpoints_links	body	array
ServiceCatalog	body	array
Description	body	string
Type	body	string

（续表）

Name	In	Type
Expires	body	string
Enabled	body	boolean
Name	body	string
Access	body	object
Trustee_user_id（Optional）	body	string
Token（Optional）	body	object
user	body	object
Issued_at	body	string
Trustor_user_id（Optional）	body	string
Endpoints	body	array
Trust（Optional）	body	object
Id	body	string
Tenant	body	object
Metadata	body	object

① Impersonation：模拟。模拟的标志。
② Endpoints_links：端点的链接。
③ ServiceCatalog：ServiceCatalog 对象列表。它包含了每个 Keystone 组件服务的 Endpoints。
④ Description：描述。关于租客的说明。
⑤ Type：类型。端点类型。
⑥ Expires：令牌到期的日期和时间。
⑦ Enabled：启用。指示租户是启用还是禁用。
⑧ Name：租客名称。
⑨ Access：一个 Access 对象。
⑩ Endpoints：一个或多个 Endpoints 对象，每个对象显示 adminURL、region、internalURL、id 和 publicURL 端点。
⑪ Trust：一个 Trust 对象。
⑫ Id：租客 ID。
⑬ Tenant：一个 Tenant 对象。
⑭ Metadata：一个 Metadata 对象。
⑮ trustor_user_id（Optional）：委托人用户 ID（可选选项）。
⑯ trustee_user_id（Optional）：受信者。

（4）Postman 的使用

Postman 是一种网页调试与发送网页 http 请求的 chrome 插件。它可以用来很方便地模拟 Get、Post 或者其他方式的请求来调试接口。

Postman 的使用步骤：安装成功之后，我们打开 Postman，可以看到界面分成左右两个部分。在 Request Builder 中，我们可以通过 Postman 快速地随意构建出我们想要的 Request。一般来说，所有的 http Request 都分成 4 个部分：URL（地址）、Method（请求方式）、Headers（请求头）和 Request Body（请求体）。而 Postman 是对这几部分有针对性的工具，Postman 使用步骤一如图 2-8 所示。

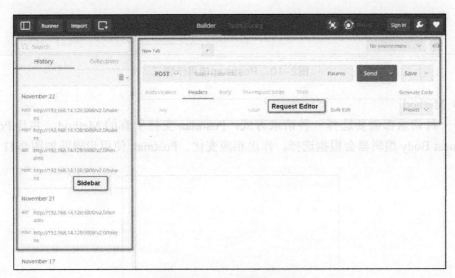

图2-8　Postman使用步骤一

1）URL

构建一条 Request，URL 是首先要填写的内容，Parameter 是可选的。如果输入 URL 的 Parameter，Postman 会自动加入 URL 当中；反之，如果 URL 当中已经有参数，Postman 会在打开键值编辑器的时候把参数自动载入。Postman 使用步骤二如图 2-9 所示。

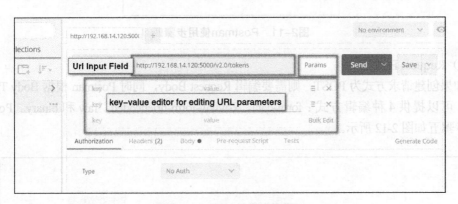

图2-9　Postman使用步骤二

2）Headers

单击"Headers"按钮，Postman 同样会弹出一个键值编辑器。单击输入框，可以添加相应的属性值。Postman 有 auto-complete 功能，它会根据输入自动去匹配响应的标准。Postman 使用步骤三如图 2-10 所示。

图2-10　Postman使用步骤三

3）Method

每一种请求都需要选择一种请求方式，Postman支持所有的Method，并且Postman的Request Body编辑器会根据选择，作出相应变化。Postman使用步骤四如图2-11所示。

图2-11　Postman使用步骤四

4）Request Body

如果创建请求方式为POST，则需要编辑Request Body，同时Postman根据Body Type的不同，可以提供4种编辑方式：form-data、x-www-form-urlencoded、raw和binary。Postman使用步骤五如图2-12所示。

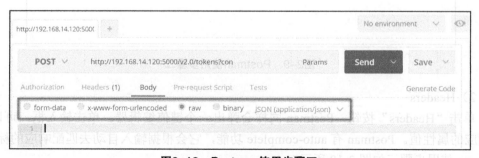

图2-12　Postman使用步骤五

下面让我们用 Postman 来测试如何获取令牌 Token。

（5）使用 Postman 测试获取 Token

① 以 admin 用户为例进行测试，首先获取 unscoped Token，请求 URL POST http://localhost:5000/v2.0/tokens，如图 2-13 和图 2-14 所示。

图2-13　Postman获取unscoped Token 1

图2-14　Postman获取unscoped Token 2

测试响应结果如图 2-15 所示。

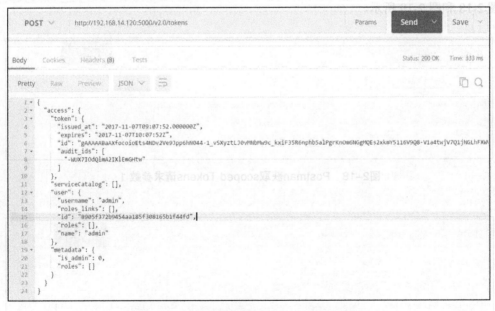

图2-15　Postman获取unscoped Token响应

② 获取 TenantId 请求 URL GET http://localhost:5000/v2.0/tenants，如图 2-16 所示。

图2-16　Postman获取TenantId请求

Postman 测试响应结果如图 2-17 所示。

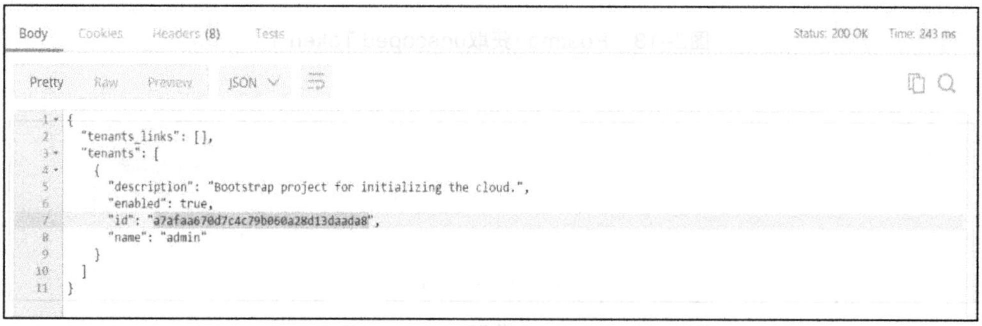

图2-17　Postman获取TenantId响应

③获取 scoped Tokens 请求示例，请求 URL POST http://localhost:5000/v2.0/tokens，如图 2-18 和图 2-19 所示。

图2-18　Postman获取scoped Tokens请求参数 1

图2-19　Postman获取scoped Tokens请求参数 2

Postman 测试获取 scoped Tokens 响应结果，如图 2-20 所示。

项目2 走进OpenStack API

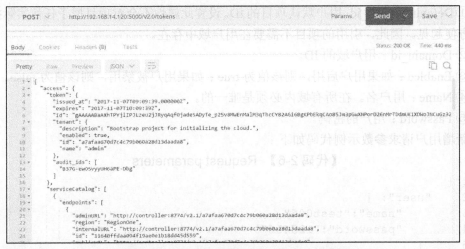

图2-20 Postman获取scoped Tokens响应

2.2.2 User API 介绍

本章节介绍 Keystone 的 User，即用户的 API，我们在项目 1 的学习中了解到 Keystone 中有用户、租户和角色的概念，用户可以被理解为拥有登录信息的一个使用者，比如我们登录 OpenStack，我们首先为一个用户。租户可以被理解成是一个项目，我们必须指定一个相应的租户（Tenant）才可以申请 OpenStack 的服务。角色被理解为具有某些操作权限的用户特性，角色规定了用户在某个租户中的一系列的权限。表 2-6 为本节我们要学习调用的 4 个 Keystone API。

表2-6 Keystone API

API	作用	请求方式
/v3/users	新增用户	POST
/v3/users/{user_id}	删除用户	DELETE
/v3/users/{user_id}/password	更改用户密码	POST
/v3/users	加载所有用户	GET

（1）新增用户

新增用户的 API 请求参数见表 2-7。

表2-7 新增用户请求参数

Name	In	Type
Default_project_id（Optional）	body	string
Domain_id（Optional）	body	string
Enabled（Optional）	body	boolean
Name	body	string
Password（Optional）	body	string

49

①Default_project_id：用户默认项目的 ID。设置此属性不会对项目授予任何实际授权，仅为方便起见。因此，引用的项目不需要在用户域中存在。

②Domain_id：用户域的 ID。

③Enabled：如果用户启用，则该值为 true；如果用户被禁用，则该值为 false。

④Name：用户名。在所有域内必须是唯一的。

⑤Password：用户的密码。

新增用户请求参数示例代码如下：

【代码 2-6】 Request parameters

```
1  {
2      "user": {
3          "name":"test006",
4          "password":"123456"
5      }
6  }
```

请求 URL：POST http://localhost:5000/v3/users，其中 Headers 请求为 X-Auth-Token，scoped Tokens。

如果认证成功，返回响应参数代码如下：

【代码 2-7】 Response

```
1  {
2      "user": {
3          "password_expires_at": null,
4          "name":"test",
5          "links": {
6              "self":"http://192.168.14.120:5000/v3/users/fb8f7b40b905497a9d6d0ed913aa76a6"
7          },
8          "enabled": true,
9          "id":"fb8f7b40b905497a9d6d0ed913aa76a6",
10         "domain_id":"default"
11     }
12 }
```

响应参数见表 2-8。

表 2-8 新增用户响应参数

Name	In	Type
User	body	object
Default_project_id（Optional）	body	string
Domain_id	body	string
Enabled	body	boolean
Id	body	string
Links	body	object
Name	body	string
Password_expires_at	body	string

① User：一个 User 对象包含以下②~⑧的参数值。
② Default_project_id：用户默认项目的 ID。
③ Domain_id：域的 ID。
④ Enabled：如果用户启用，则该值为 true；如果用户被禁用，则该值为 false。
⑤ Id：用户 Id。
⑥ Links：User 资源的链接。
⑦ Name：用户名。在所有域内必须是唯一的。
⑧ Password_expires_at：密码过期的日期和时间。时区是 UTC。
在请求创建用户 API 时我们可能会遇到的错误状态见表 2-9。

表2-9 错误状态响应码

错误状态码	原因
400-Bad Request	请求中的某些内容无效
401-Unauthorized	用户必须在发出请求之前进行身份验证
403-Forbidden	策略不允许当前用户执行此操作
409-Conflict	此操作与此资源上的另一个操作冲突

（2）删除用户

删除用户请求参数见表 2-10。

表2-10 删除用户请求参数

Name	In	Type
user_id	path	string

user_id：删除用户 id。
请求 URL：DELETE http://localhost:5000//v3/users/{user_id}，其中，Headers 请求为 X-Auth-Token，scoped Tokens。
删除用户执行成功没有返回的响应。
在请求删除用户 API 时我们可能会遇到的错误状态见表 2-11。

表2-11 错误状态响应码

错误状态码	原因
400 – Bad Request	请求中的某些内容无效
401 – Unauthorized	用户必须在发出请求之前进行身份验证
403 – Forbidden	策略不允许当前用户执行此操作
404 – Not Found	找不到所请求的资源

（3）修改用户密码

修改用户密码请求参数见表 2-12。

表2-12 修改密码请求参数

Name	In	Type
User_id	path	string
User	body	object
Original_password	body	string
Password	body	string

① User_id：用户 ID。
② User：一个 User 对象。
③ Original_password：用户原始密码。
④ Password：用户的新密码。

用户修改密码请求参数示例代码如下，修改密码成功没有返回的响应。成功状态码 204，服务器已经完成响应。

请求 URL：POST http://1localhost:5000/v3/users/{user_id}/password，其中，Headers 请求为 X-Auth-Token，scoped Tokens，修改密码请求参数如下：

【代码2-8】 Request parameters

```
1  {
2      "user": {
3          "password":"new_secretsecret",
4          "original_password":"secretsecret"
5      }}
```

在请求修改用户密码 API 时我们可能会遇到的错误状态见表 2-13。

表2-13 错误状态响应码

错误状态码	原因
400 – Bad Request	请求中的某些内容无效
401 – Unauthorized	用户必须在发出请求之前进行身份验证
403 – Forbidden	策略不允许当前用户执行此操作
404 – Not Found	找不到所请求的资源
409 – Conflict	此操作与此资源上的另一个操作冲突

（4）加载所有用户

加载所有用户请求参数见表 2-14。

表2-14 加载用户请求参数

Name	In	Type
Domain_id（Optional）	query	string
Enabled（Optional）	query	string
Idp_id（Optional）	query	string
Name（Optional）	query	string
Password_expires_at（Optional）	query	string
Protocol_id（Optional）	query	string
Unique_id（Optional）	query	string

① Domain_id：通过域 ID 过滤响应。

② Enabled：通过 Enabled（true）或 Disabled（false）用户过滤响应。

③ Idp_id：通过身份提供商 ID 过滤响应。

④ Name：按用户名过滤响应。

⑤ Password_expires_at：根据用户密码过期的结果进行筛选。查询应该包含一个 operator 和一个 timestamp 与冒号（:）分隔两个。

例如：Password_expires_at = { operator } : { timestamp }。

有效的操作符是：Lt、Lte、Gt、Gte、Eq 和 Neq。

Lt：到期时间短于时间戳。

Lte：到期时间短于或等于时间戳。

Gt：到期时间超过时间戳。

Gte：到期时间超过或等于时间戳。

Eq：到期时间等于时间戳。

Neq：到期时间不等于时间戳。

有效的时间戳格式为：YYYY-MM-DDTHH:mm:ssZ。

⑥ Protocol_id：通过协议 ID 过滤响应。

⑦ Unique_id：通过唯一的 ID 过滤响应。

请求 URL：GET http://localhost:5000/v3/users，其中 Headers 请求为 X-Auth-Token，scoped Tokens。

加载所有用户响应参数见表 2-15。

表2-15 加载所有用户响应参数

Name	In	Type
Links	body	object
Users	body	array
Default_project_id（Optional）	body	string
Domain_id	body	string
Enabled	body	boolean
Id	body	string
Links	body	object
Name	body	string
Password_expires_at	body	string

① Links：链接到资源的收集。

② Users：User 对象列表。

③ Default_project_id：用户默认项目的 ID。

④ Domain_id：域的 ID。

⑤ Enabled：如果用户启用，则该值为 true；如果用户被禁用，则该值为 false。

⑥ Id：用户 ID。
⑦ Links：User 资源的链接。
⑧ Name：用户名。在所有域内必须是唯一的。
⑨ Password_expires_at：密码过期的日期和时间，时区是 UTC。

加载所有用户，响应示例具体代码如下：

【代码 2-9】 Response

```
1  {
2      "links": {
3          "next": null,
4          "previous": null,
5          "self":"http://example.com/identity/v3/users"
6      },
7      "users": [
8          {
9              "domain_id":"default",
10             "enabled": true,
11             "id":"2844b2a08be147a08ef58317d6471f1f",
12             "links": {
13                 "self":"http://example.com/identity/v3/users/2844b2a08be147a08ef58317d6471f1f"
14             },
15             "name":"glance",
16             "password_expires_at": null
17         },
18     ]}
```

【知识拓展】

REST（Representational State Transfer）描述的是在网络中 client 和 server 的一种交互标准，是一组架构约束条件和原则，目前主要是基于 http 实现，其目的是为了提高系统的可伸缩性，降低应用之间的耦合度，便于框架分布式处理。满足 REST 约束条件和原则的应用程序设计就是 RESTful API（REST 风格的网络接口）。RESTful API 使用的是标准的 http 方法，比如 GET（获取资源）、PUT（更新资源）、POST（新建资源）和 DELETE（删除资源）。

2.2.3 任务回顾

 知识点总结

1. Keystone 的工作流程。
2. unscoped Token 和 scoped Token，unscoped Token 没有和特定的 Tenant 绑定。scoped

Token 是与某个特定的 Tenant 绑定。

3. Postman 测试工具的使用。

4. User API 的调用。

5. 用户：理解为拥有登录信息的一个使用者。租户：可以理解成为一个项目，必须指定一个相应的租户（Tenant）才可以申请 OpenStack 的服务。角色：具有某些操作权限的用户特性，角色规定了用户在某个租户中的一系列的权限。

学习足迹

任务二学习足迹如图 2-21 所示。

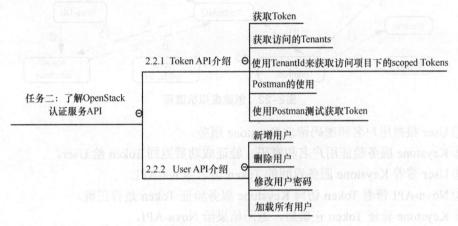

图2-21　任务二学习足迹

思考与练习

1. 简述 Keystone 的工作流程。
2. 简述 OpenStack 中对用户、租户和角色的理解。
3. Keystone 是 OpenStack 框架中负责 _____、_____ 和 _____ 的模块。
4. 简述获取 Token 的流程。

2.3　任务三：了解 OpenStack 计算服务 API

【任务描述】

OpenStack 是一个云计算平台，云计算的核心功能就是通过虚拟机实现对服务器计算资源（CPU 资源）的合理分配。因此，虚拟机的管理显然在云计算平台是非常重要的内容，本章节我们主要学习调用管理虚拟机的 API。

2.3.1 Servers API介绍

OpenStack 创建虚拟机主要需要计算（Nova）、存储、网络。创建虚拟机的工作流程如图 2-22 所示。

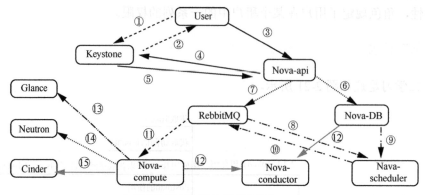

图2-22 创建虚拟机流程

① User 根据用户名和密码请求 Keystone 服务。
② Keystone 服务验证用户名和密码，验证成功后返回 Token 给 User。
③ User 带着 Keystone 服务返回的 Token 请求 Nova-API。
④ Nova-API 带着 Token 访问 Keystone 服务验证 Token 是否正确。
⑤ Keystone 验证 Token 正确后，返回结果给 Nova-API。
⑥ Nova-API 将要创建的虚拟机资源信息写入 DB。
⑦ Nova-API 将要创建虚拟机的请求写入 RabbitMQ 消息队列，建立沟通枢纽。
⑧ Nova-scheduler 发现消息队列中的创建虚拟机信息后访问 DB。
⑨ Nova-scheduler 从 DB 中获取到创建虚拟机所需资源并且进行计算、调度，决定将虚拟机创建在哪个计算节点上。
⑩ 将计算结果返回给消息队列。
⑪ Nova-compute 从消息队列中获取 Nova-scheduler 计算的结果。
⑫ Nova-compute 通过 Nova-conductor（中间件）与 DB 交互来获取要创建的虚拟机所需要的资源信息。
⑬ Nova-compute 带着 Token 请求 Glance 获取镜像资源，Glance 会将 Token 交给 Keystone 服务验证，如果 Token 验证成功，则将 Glance 的镜像资源交给 Nova-compute。
⑭ Nova-compute 带着 Token 请求 Neutron 获取网络资源，Neutron 会将 Token 交给 Keystone 服务验证，如果 Token 验证成功，则将 Neutron 的网络资源交给 Nova-compute。
⑮ Nova-compute 带着 Token 请求 Cinder 获取存储资源，Cinder 会将 Token 交给 Keystone 服务验证，如果 Token 验证成功，则将 Cinder 的存储资源交给 Nova-compute。

本节主要学习调用虚拟机的 API，表 2-16 为学习调用创建虚拟机的 API 规划。

表2-16　调用API

API	作用	请求方式
/servers	创建虚拟机	POST
/servers/{server_id}	删除虚拟机	DELETE
/floatingips	绑定浮动IP	POST

1. 新建虚拟机

新建虚拟机请求参数见表2-17。

表2-17　新建虚拟机请求参数

名称	In	类型
Server	body	object
Name	body	string
FlavorRef	body	string
ImageRef	body	string
Networks	body	array

① Server：服务器，一个Server对象。

② Name：虚拟机的名称。

③ FlavorRef：模板ID。作为服务器实例的模板的ID（包括UUID）或完整的URL。

④ ImageRef：镜像ID。用于服务器实例的镜像的UUID。如果从卷启动，则不需要这样做。在所有其他情况下，它是必需的，必须是有效的UUID，否则API将返回400错误码。

⑤ Networks：网络。一个Networks对象为租户定义多个网络时，必需参数。当不指定网络参数时，服务器将附加到当前租户创建的唯一网络。

创建虚拟机请求示例代码如下：

请求URL：POST http://localhost/v2.1/servers，其中Headers请求为X-Auth-Token，scoped Tokens。

【代码2-10】 Request parameters

```
1  {
2      "server" : {
3          "name" :"new-server-test1",
4          "imageRef" :"cb4d0093-28c3-4984-be94-d2a394e885a7",
5          "flavorRef" :"0",
6          "networks":[{
7              "uuid":"6bfd0c55-e333-45cb-b917-361681146234"
8          }]
9      }
10 }
```

请求返回响应参数见表2-18。

表2-18 新建虚拟机响应参数

名称	In	类型
Server	body	object
Id	body	string
Links	body	array
OS-DCF:diskConfig	body	string
Security_groups	body	array
Security_groups.name	body	string
AdminPass（Optional）	body	string

① Server：服务器，一个 Server 对象。
② Id：服务器 Id。
③ Links：链接。链接到相关资源。
④ OS-DCF：DiskConfig，磁盘配置。

AUTO：API 使用单个分区构建模板磁盘大小的服务器。API 会自动调整文件系统以适应整个分区。

MANUAL：API 使用源映像中的分区方案和文件系统构建服务器。如果目标模版较大，则 API 不分区剩余的磁盘空间。

① Security_groups：一个或多个安全组对象。
② Security_groups.name：安全组名称。
③ AdminPass：服务器的管理密码。

返回的响应参数具体代码如下：

【代码 2-11】 Response

```
1  {
2    "server": {
3      "security_groups": [
4        {
5          "name":"default"
6        }
7      ],
8      "OS-DCF:diskConfig":"MANUAL",
9      "id":"91f42ca4-289f-438d-a61e-484465788761",
10     "links": [
11       {
12         "href":"http://192.168.14.120:8774/v2.1/servers/91f42ca4-289f-438d-a61e-484465788761",
13         "rel":"self"
14       },
15       {
16         "href":"http://192.168.14.120:8774/servers/91f42ca4-289f-438d-a61e-484465788761",
```

```
17              "rel":"bookmark"
18           }
19        ],
20        "adminPass":"ix2EkUD7JJhN"
21     }
22 }
```

2. 删除虚拟机

删除虚拟机请求参数见表 2-19。

表2-19 删除虚拟机请求参数

名称	In	类型
server_id	path	string

请求 URL：DELETE http://localhost/v 2.1/servers/{server_id}，其中，Headers 请求为 X-Auth-Token，scoped Tokens。

表 2-19 中的 server_id 即为服务器的 ID。

删除虚拟机执行成功后没有返回的响应，我们可到 OpenStack 服务器上查看其是否成功。

3. 虚拟机绑定浮动 IP

虚拟机绑定浮动 IP 请求参数见表 2-20。

表2-20 虚拟机绑定浮动IP

名称	In	类型
floatingip	body	object
tenant_id	body	string
project_id	body	string
floating_network_id	body	string
fixed_IP_address（Optional）	body	string
floating_IP_address（Optional）	body	string
port_id（Optional）	body	string
subnet_id（Optional）	body	string
description（Optional）	body	string
dns_domain（Optional）	body	string
dns_name（Optional）	body	string

① floatingip：一个 floatingip 对象。当我们将浮动 IP 地址与 VM 相关联时，实例每次启动时都具有相同的公有 IP 地址，其基本保持一致的 IP 地址用以维护 DNS 分配。

② tenant_id：项目的 ID。

③ project_id：项目的 ID。

④ floating_network_id：与浮动 IP 关联的网络的 ID。

⑤ fixed_IP_address：与浮动 IP 关联的固定 IP 地址。如果内部端口具有多个关联的

IP 地址，则该服务将选择第一个 IP 地址，除非用户明确定义 fixed_IP_address 参数中的固定 IP 地址。

⑥ floating_IP_address（Optional）：浮动 IP 地址。

⑦ port_id：与浮动 IP 关联的端口的 ID。要在创建时将浮动 IP 与固定 IP 相关联，用户必须指定内部端口的标识符。

⑧ subent_id：用户要在其上创建浮动 IP 的子网 ID。

⑨ description：资源的可读描述，默认是一个空字符串。

⑩ dns_domain：一个有效的 DNS 域。

⑪ dns_name：有效的 DNS 名称。

虚拟机绑定浮动 IP 请求示例代码如下：

请求 URL：POST http://localhost/v 2.0/floatingips，其中，Headers 请求为 X-Auth-Token，scoped Tokens。

【代码 2-12】 Request parameters

```
1  {
2      "floatingip": {
3      "floating_network_id":"e117dfcd-019e-4eea-b864-313edadf5d3b",
4          "port_id":"fc5e8746-d601-4625-b344-29c1e862f0a6",
5          "fixed_IP_address":"172.16.1.11"
6      }
7  }
```

请求返回响应参数见表 2-21。

表2-21 请求返回响应参数

名称	In	类型
floatingip	body	object
router_id	body	string
status	body	string
description	body	string
dns_domain	body	string
dns_name	body	string
tenant_id	body	string
created_at	body	string
updated_at	body	string
revision_number	body	integer
project_id	body	string
floating_network_id	body	string
fixed_IP_address	body	string
floating_IP_address	body	string
port_id	body	string
id	body	string

① floatingip：一个 floatingip 对象。当用户将浮动 IP 地址与 VM 相关联时，实例每次启动时都具有相同的公有 IP 地址，其基本保持一致的 IP 地址用以维护 DNS 分配。
② router_id：浮动 IP 的路由器的 ID。
③ status：浮动 IP 的状态。状态可为 ACTIVE、DOWN、ERROR。
④ description：资源的可读描述。
⑤ dns_domain：一个有效的 DNS 域。
⑥ dns_name：有效的 DNS 名称。
⑦ tenant_id：项目的 ID。
⑧ created_at：创建资源的时间（采用 UTC ISO8601 格式）。
⑨ updated_at：资源更新的时间（采用 UTC ISO8601 格式）。
⑩ revision_number：资源的修订号。
⑪ project_id：项目的 ID。
⑫ floating_network_id：与浮动 IP 关联的网络的 ID。
⑬ fixed_IP_address：与浮动 IP 地址关联的固定 IP 地址。
⑭ floating_IP_address：浮动 IP 地址。
⑮ port_id：与浮动 IP 关联的端口的 ID。
⑯ Id：浮动 IP 地址的 ID。

响应参数代码如下：

【代码 2-13】 Response

```
1  {
2    "floatingip": {
3      "router_id":"dacb6185-f231-434c-aeca-a588c48d75ef",
4      "status":"DOWN",
5      "description":"",
6      "tenant_id":"ab28580a6f6e4f02b66ce25885e0e9b1",
7      "created_at":"2018-01-12T09:47:32Z",
8      "updated_at":"2018-01-12T09:47:32Z",
9      "floating_network_id":"e117dfcd-019e-4eea-b864-313edadf5d3b",
10     "fixed_IP_address":"172.16.1.11",
11     "floating_IP_address":"192.168.14.237",
12     "revision_number": 1,
13     "project_id":"ab28580a6f6e4f02b66ce25885e0e9b1",
14     "port_id":"fc5e8746-d601-4625-b344-29c1e862f0a6",
15     "id":"0da8224e-ecec-4a43-8d81-abbff7e66d6a"
16   }
17 }
```

2.3.2 Servers-run an action API介绍

OpenStack 涉及的虚拟机 API 有很多。本小节主要介绍虚拟机可执行状态的操作，包括针对启动、关闭、暂停和恢复虚拟机 4 个状态的 API 调用。

表 2-22 展示了调用的 4 个 API。

表2-22 虚拟机API调用

API	作用	请求方式
/servers/{server_id}/action	启动虚拟机	POST
/servers/{server_id}/action	关闭虚拟机	POST
/servers/{server_id}/action	暂停虚拟机	POST
/servers/{server_id}/action	恢复虚拟机	POST

1. 启动虚拟机

在调用启动虚拟机 API 前，虚拟机的状态应为关闭状态。启动虚拟机请求参数见表 2-23。

表2-23 启动虚拟机请求参数

名称	In	类型
server_id	path	string
os-start	body	none

① server_id：服务器的 ID。
② os-start：启动停止服务器的动作。
请求示例代码如下 URL POST http://localhost:8774/v 2.1/servers/{server_id}/action，其中 Headers 请求为 X-Auth-Token，scoped Tokens。

```
{    "os-start" : null    }
```

请求响应如果成功，则此方法不会在响应正文中返回内容，我们可在 OpenStack 服务器查看虚拟机状态。

2. 关闭虚拟机

关闭虚拟机请求参数见表 2-24。

表2-24 关闭虚拟机请求参数

名称	In	类型
server_id	path	string
os-stop	body	none

① server_id：服务器的 UUID。
② os-stop：停止正在运行的服务器的操作。
请求示例代码如下 URL POST http://localhost:8774/v2.1/servers/{server_id}/action，其中 Headers 请求为 X-Auth-Token，scoped Tokens。

```
{    "os-stop" : null    }
```

请求响应如果成功，则此方法不会在响应正文中返回内容，我们可在 OpenStack 服务器查看虚拟机状态。

3. 暂停虚拟机

暂停虚拟机请求参数见表 2-25。

项目2 走进OpenStack API

表2-25 暂停虚拟机请求参数

名称	In	类型
server_id	path	string
suspend	body	none

① server_id：服务器的 UUID。

② suspend：暂停服务器。

请求示例代码如下 URL POST http://localhost:8774/v2.1/servers/{server_id}/action，其中 Headers 请求为 X-Auth-Token，scoped Tokens。

{   "suspend" : null   }

如果成功，则此方法不返回响应正文中的内容，我们可在 OpenStack 服务器查看虚拟机状态。

4. 恢复虚拟机

恢复挂起虚拟机请求参数见表 2-26。

表2-26 恢复挂起虚拟机请求参数

名称	In	类型
server_id	path	string
resume	body	none

请求示例代码如下 URL POST http://localhost:8774/v2.1/servers/{server_id}/action，其中 Headers 请求为 X-Auth-Token，scoped Tokens。

{   "resume" : null   }

如果成功，则此方法不返回响应正文中的内容，我们可在 OpenStack 服务器查看虚拟机状态。

> 【做一做】
>
> 使用 Postman 调用启动、关闭、暂停、恢复虚拟机 API。

2.3.3 任务回顾

知识点总结

1. 虚拟机的创建步骤。

2. 新建虚拟机和删除虚拟机请求调用 API 的工作流程。

3. 虚拟机绑定浮动 IP 调用 API 的请求流程。

4. 启动虚拟机、关闭虚拟机、暂停虚拟机和恢复虚拟机请求调用 API 的工作流程。

学习足迹

任务三学习足迹如图 2-23 所示。

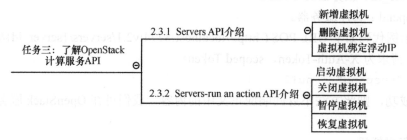

图2-23　任务三学习足迹

思考与练习

1. OpenStack 创建虚拟机主要需要 _____、_____、_____。
2. 简述 OpenStack 创建虚拟机的工作流程。
3. 简述 OpenStack Nova 组件都提供了哪些服务。

2.4　项目总结

在项目 2 中，我们主要介绍了调用 OpenStack 认证服务 API 和计算服务 API，通过本项目的学习，我们了解了 Keystone 的工作流程和虚拟机的创建步骤；掌握了 OpenStack API 的调用流程以及如何熟练使用 Postman 进行测试。

项目 2 技能图谱如图 2-24 所示。

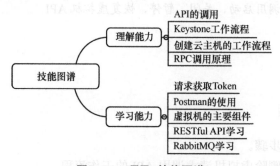

图2-24　项目2技能图谱

2.5 拓展训练

网上调研：OpenStack 显示虚拟机详情 API，并使用 Postman 进行测试。

◆ 调研要求：

OpenStack 本身有很多 API，项目 2 中我们主要介绍了调用 OpenStack Nova 组件中的一小部分 API，请使用 Postman 调用 Nova 组件中显示虚拟机详情的 API 进行测试。

测试内容需包含以下关键点：

① Postman 请求的 URL，请求参数；

② 响应虚拟机详情信息

◆ 格式要求：需要将测试结果截图后并整理为 PPT 形式提交。

◆ 考核方式：采取课内发言，时间要求 3~5 分钟。

◆ 评估标准：见表 2-27。

表2-27 拓展训练评估表

项目名称： Postman测试虚拟机详情API	项目承接人： 姓名：	日期：
项目要求	评价标准	得分情况
总体要求： ① 使用Postman调用Nova API中显示虚拟机详情信息API； ② 成功调用API并返回响应结果	熟练使用Postman调用API（100分）	A
评价人	评价说明	备注
个人		
老师		

2.5 拓展训练

网上调研：OpenStack 通不通用机器情 API，并使用 Postman 进行调试。

◆ 调研要求：

OpenStack 本项有很多 API，项目 2 中我们主要介绍了调用 OpenStack Nova 组件中的一小部分 API，请使用 Postman 调用 Nova 组件中显示虚拟机详情的 API 进行调试。

调研内容需要包含以下关键点：

① Postman 请求的 URL，请求参数；

② 响应返回的信息内容。

◆ 结果要求：需要将调研结果截图并进行整理形成 PPT 形式展交。
◆ 考核方式：采取课内发言，时间要求 3～5 分钟。
◆ 评分标准：见表 2-27。

表 2-27 拓展训练评估表

项目名称： Postman 测试其他机器情 API	项目承接人： 组长：	日期：
项目要求	评价标准	得分情况
整体要求： ① 使用 Postman 调用 Nova API 中显示虚拟机详情信息 API； ② 成功调用 API 并返回响应结果	能熟练使用 Postman 调用 API（100 分）	A
得分人	评价说明	签字
个人		
老师		

项目 3
云平台核心服务需求分析与设计

项目引入

研究完 OpenStack 的 API 之后，我希望在 OpenStack 的基础上，建立一个属于自己的云平台，但我并不知道具体要如何实现。

之后，我了解了阿里云，我参考阿里云的模式，首先进行简单的需求分析，然后画出草图，云平台原型草图如图 3-1 所示。

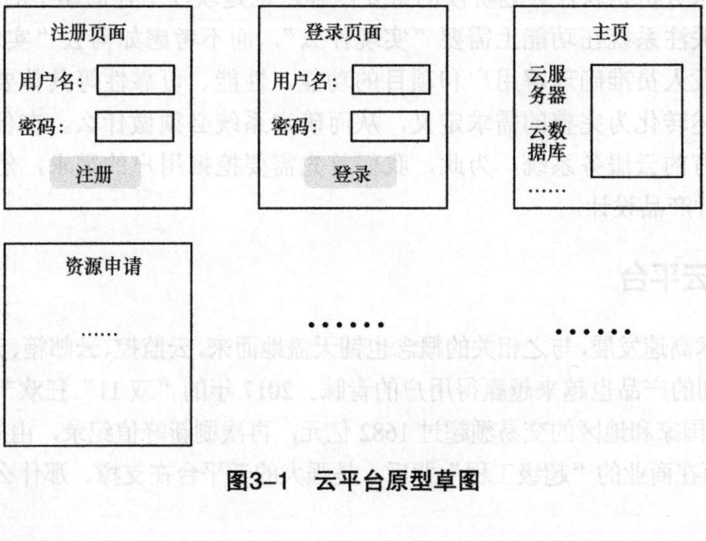

图3-1 云平台原型草图

知识图谱

项目 3 知识图谱如图 3-2 所示。

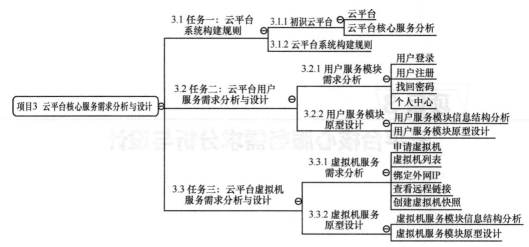

图3-2 项目3知识图谱

3.1 任务一：云平台系统构建规划

【任务描述】

软件的需求分析是软件计划阶段的重要内容，也是软件生存周期中的一个重要环节，在此阶段我们关注系统在功能上需要"实现什么"，而不考虑如何去"实现"。需求分析的实现需要开发人员准确理解用户和项目的功能、性能、可靠性等具体要求，将用户非形式的需求表述转化为完整的需求定义，从而确定系统必须做什么。在任务一中，我们将开发一个私有的云服务系统，为此，我们首先需要挖掘用户的需求，然后结合云平台用户服务，进行产品设计。

3.1.1 初识云平台

云计算技术高速发展，与之相关的概念也铺天盖地而来，云监控、云邮箱、云引擎、云搜索、云平台等一系列的产品也越来越赢得用户的青睐。2017年的"双11"狂欢节，在短短的24小时内，225个国家和地区的交易额超过1682亿元，再次刷新峰值纪录，由此产生的数据是不可估量的，而在商业的"超级工程"背后，是强大的云平台在支撑。那什么是云平台呢？

1. 云平台

云平台即云计算平台，是指基于硬件的服务，提供计算、网络和存储能力服务的平台。云平台一般有三种类型：以数据存储为主的存储型云平台；以数据处理为主的计算型云平台；计算和数据存储处理兼顾的综合云计算平台。

云平台使得信息在手机、传输、储存、处理等各个环节中被进一步集中，当服务资源出现紧张的时候，平台可以从其他区域调用服务器资源来缓解负载，从而保证网络资源的畅通使用。例如，阿里云、腾讯云就是以提供弹性计算、存储等基础设施服务为主的云平台。

图 3-3 为阿里云控制台界面，我们可以看到左边列表为云服务器提供的服务，包括实例、存储、快照和镜像、网络和安全等。

图3-3　阿里云控制台界面

腾讯云的主要产品包括云服务器、CDN、云安全、云数据库、万象图片和云点播等。图 3-4 为腾讯云控制台页面，腾讯云的控制台页面和阿里云不同，腾讯云控制台页面只展示用户基本信息，在图 3-5 所示的界面中，我们单击云产品中云服务器可以看到提供服务的界面，主要提供云主机、镜像、快照、云硬盘服务等。

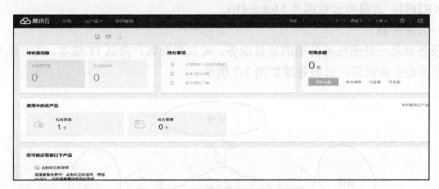

图3-4　腾讯云控制台页面

图3-5　腾讯云服务器界面

接下来我们介绍云平台 HStack 界面。图 3-6 为 HStack 云平台界面，其主要提供的服务有云服务器（ECS）、云硬盘和云盘。

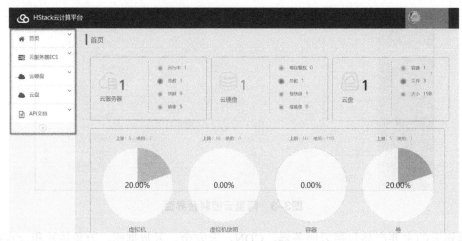

图3-6　HStack云平台界面

2. 云平台核心服务分析

接下来，我们再深入介绍一下云平台提供的几大核心服务：云服务器、云硬盘、云数据库（RDS）、云盘和云数据库 MongoDB。

（1）云服务器

云服务器是一种弹性可伸缩的计算服务，可以帮助客户降低 IT 成本，提升运维效率，更专注于核心业务创新，云服务器如图 3-7 所示。

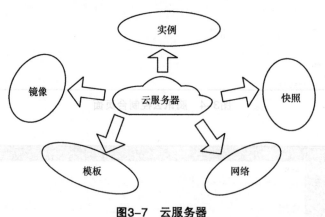

图3-7　云服务器

云服务器比物理服务器更简单高效。用户无需提前采购硬件设备，而是根据业务需要，随时创建所需数量的云服务器实例，并在使用过程中，随着业务的扩展，对云服务器的磁盘进行扩容，增加相应带宽。如果不再需要云服务器，用户也可以方便地释放资源，节省费用。

云服务器是一个虚拟的计算环境，它包含了 CPU、内存、操作系统、磁盘、带宽等最基础的服务器组件，是提供给每个用户的操作实体。一个实例就如同一台虚拟机，用户对所创建的实例拥有管理员权限，可以随时登录进行使用和管理，用户还可以在实例上进行基本操作，如挂载磁盘、创建快照、创建镜像、部署环境等。

（2）云硬盘

云硬盘是一种高可用、高可靠、低成本、可定制化的网络块设备，可以作为云服务器的独立可扩展硬盘使用。用户可以根据实际生产环境，灵活选择规格大小，弹性地创建、删除、挂载、卸载和扩容云硬盘。云硬盘如图3-8所示。

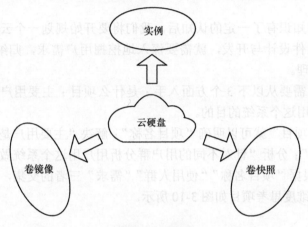

图3-8　云硬盘

云硬盘为云服务器提供低时延、持久性、高可靠的数据块级随机存储。块存储支持在可用区内自动复制数据，防止意外硬件故障导致的数据不可用，保护用户的业务免于组件故障的威胁。像对待硬盘一样，用户可以对挂载到ECS实例上的块存储执行分区、创建文件系统等操作，并对数据进行持久化存储。

（3）云数据库（RDS）

云数据库是一种打开就可以使用、稳定性强、可弹性伸缩的在线数据库服务，具有多层次的安全保护措施和完善的性能监控体系，使用户能将更多精力集中在应用开发和业务发展上，而不需要再过多关心数据库备份、恢复及优化问题。

RDS提供Web界面进行配置、操作数据库实例，相对于用户自建数据库，RDS具有更经济、更专业、更高效、更可靠、简单易用等特点。

（4）云盘

云盘与U盘、硬盘类似，但是它是一种专业的互联网存储工具，是互联网云技术发展的产物，它通过互联网为企业和个人提供信息的存储、读取、下载等服务，具有安全稳定、海量存储的特点，并且拥有高级的世界各地的容灾备份。云盘如图3-9所示。

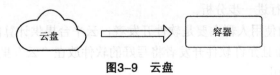

图3-9　云盘

用户可以把云盘看作一个放在网络上的硬盘或 U 盘,不管你身处何地,只要你连接到因特网,你就可以管理、编辑云盘里的文件。不需要随身携带 U 盘,更不用担心丢失。

(5)云数据库 MongoDB

云数据库 MongoDB 版本支持 ReplicaSet 和 Sharding 两种部署架构,具备安全审计、时间点备份等多项企业能力,在互联网、物联网、游戏、金融等领域被广泛应用。云数据库 MongoDB 有架构灵活、多变、安全自主、自主扩展、自动运维等特点。

3.1.2 云平台系统构建规划

对云平台基础知识有了一定的认知后,我们将要开始规划一个云平台,如果想更好地完成云平台的软件设计与开发,就需要深入地挖掘用户需求,归纳分析平台的功能,并进行业务流程梳理。

挖掘用户需求需要从以下 3 个方面入手:是什么项目;主要用户有哪些;针对不同的用户群分析用户用这个系统的目的。

回答"是什么项目"就可以明确"项目名称";解决"主要用户是哪些"就可以明确项目的"使用人群";分析"针对不同的用户群分析用户用这个系统做什么"就可以明确项目的"需求"。根据"项目名称""使用人群""需求"三者的交集,我们可以确定出项目的主要功能,三维度思考项目如图 3-10 所示。

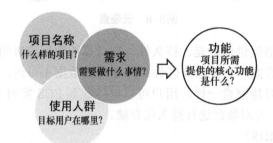

图 3-10 三维度思考项目

我们先回答前两个问题,答案见表 3-1。

表 3-1 问题回答表

问题	回答
项目名称是什么	项目名称:HStack 云平台
主要用户是哪些	使用人群:软件开发者等

接下来我们回答第 3 个问题"针对不同的用户群分析用户用这个系统做什么",针对此问题,我们需要进行进一步分析。

HStack 云平台的使用人群主要是软件开发者,云平台提供计算能力(处理器、内存、存储、网络接口),而且允许软件开发者将写好的软件放在"云"里运行,为广大普通用户提供丰富多彩的应用。

如图 3-11 所示，针对开发者，云平台上需要实现的功能如下。

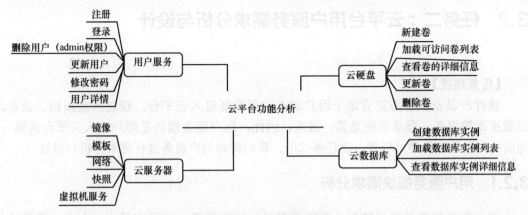

图3-11　云平台功能分析

接下来，我们以用户服务及虚拟机服务为例进行进一步的分析与设计。

3.1.3　任务回顾

知识点总结

1. 云平台即云计算平台，是指基于硬件的服务，提供计算、网络和存储能力。
2. 云平台提供的三大核心服务：云服务器、云盘和云数据库。
3. HStack 云平台的功能模块分析。

学习足迹

任务一学习足迹如图 3-12 所示。

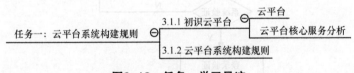

图3-12　任务一学习足迹

思考与练习

1. 云平台即云计算平台，是指基于硬件的服务，提供计算、网络和存储能力。云平台一般有 3 种类型：以数据存储为主的存储型云平台、以数据处理为主的计算型云平台、_____。
2. 描述云服务器的作用及其功能。
3. 以云平台系统为例，简述挖掘用户需求的方法及步骤。

3.2 任务二：云平台用户服务需求分析与设计

【任务描述】

软件产品及服务必定立足于用户需求。用户要进入云平台，获取到虚拟机、云盘、云数据库等服务，登录系统是第一需求，因此，用户服务模块是用户进入云平台的第一道防线，它的地位举足轻重。在任务二中，我们将对用户服务进行需求分析与设计。

3.2.1 用户服务模块需求分析

用户服务按照功能可被划分为用户登录、用户注册、找回密码、个人中心等模块。我们通过对每一个功能模块的介绍来进行用户服务需求分析。

1. 用户登录

用户登录业务流程如图 3-13 所示，用户进入"登录"页面，输入账号（用户名或者邮箱地址）和密码，系统进行数据验证，如果账号和密码正确，页面就成功并跳转至云平台主页；如果账号和密码不匹配，则账号不存在，页面显示登录失败并弹出错误提示。

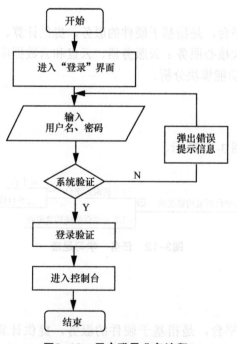

图3-13 用户登录业务流程

2. 用户注册

用户注册业务流程如图 3-14 所示，用户进入"注册"页面，需要先输入用户名、邮箱地址、密码及确认密码，单击"注册"按钮，系统首先会对用户输入的信息进行验证，验证通过之后，用户继续注册，注册成功，系统就发送信息给邮箱，并提示注册已成功，请前往邮箱进行激活；注册不成功，页面会提示用户注册失败信息。

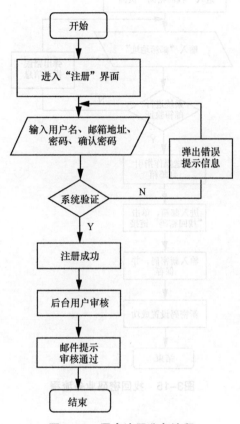

图3-14　用户注册业务流程

3. 找回密码

当用户忘记密码时，可以通过邮箱地址找回密码。用户单击"找回密码"按钮，进入"找回密码"页面，输入注册时留下的邮箱地址，单击"找回密码"按钮，系统会给当前邮箱发送一封带有链接的邮件，用户登录邮箱，单击找回密码链接，打开"忘记密码"页面，输入新密码并保存，新密码设置成功。找回密码业务流程如图3-15所示。

4. 个人中心

用户登录成功之后，可以通过"我的资料"进入用户"个人中心"。"个人中心"除了展示用户账号、注册时间等基本信息之外，还提供"修改密码""修改邮箱"等操作。

（1）修改密码

"修改密码"主要是方便用户对密码进行修改，此操作流程非常简单，用户只需在"个人中心"单击"修改"密码按钮进入修改密码页面，将原密码和新密码输入，系统验证通过，密码即可修改成功。修改密码业务流程如图3-16所示。

云应用系统开发

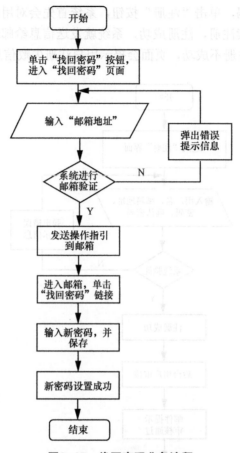

图3-15 找回密码业务流程

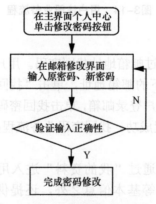

图3-16 修改密码业务流程

（2）修改邮箱

"修改邮箱"主要是方便用户修改邮箱信息，此操作流程非常简单，用户在"个人中心"单击"修改邮箱"按钮进入修改邮箱页面，输入新邮箱，系统验证通过，邮箱修改成功。

修改邮箱业务流程如图 3-17 所示。

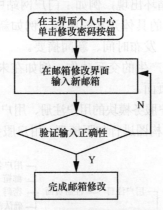

图3-17 修改邮箱业务流程

3.2.2 用户服务模块原型设计

接下来，我们将进行"用户服务模块信息结构分析"介绍，以方便我们规划用户服务模块有哪些页面，页面之间是什么样的层次关系以及每个页面上应该有哪些模块及元素。

1. 用户服务模块信息结构分析

我们可以采用信息结构图来将想法和概念结构化。信息结构图如图 3-18 所示。

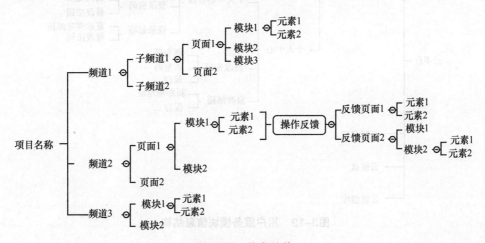

图3-18 信息结构

系统信息结构图是结构化地表现系统里面所有频道、子频道、页面、模块和元素的一种示意图。信息结构图一般会包含如下内容。

① 频道：某一个同性质的功能或内容的共同载体，也可被称作功能或内容的类别。

② 子频道：频道下细分的内容。

③ 页面：单个页面或某频道下面的页面。

④ 模块：页面中由多个元素组成的一个区域内容，在页面中，同一性质的模块可以出现一次或者多次，甚至可以循环出现，例如：门户网站中的新闻列表。

⑤ 元素：页面或者模块中的具体元素的内容，例如新闻列表中某条新闻呈现出来的信息有新闻标题、新闻发布人、发布时间、新闻摘要。

⑥ 操作反馈：操作系统所产生的交互动作，例如在未登录之前用户想去评价他人的文章，系统会弹出提醒登录的页面。

根据 3.2.1 小节中我们对用户服务模块的用户注册、用户登录、找回密码、个人中心进行的业务流程分析，我们将信息结构图进行如下梳理，用户服务模块信息结构如图 3-19 所示。

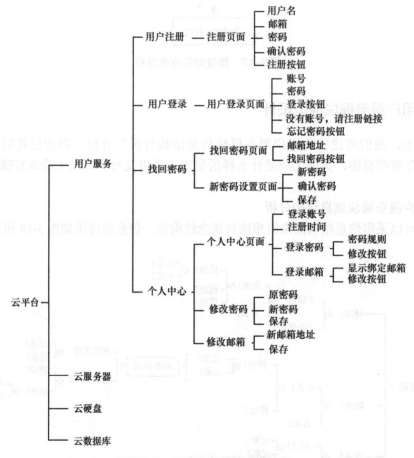

图3-19　用户服务模块信息结构

2. 用户服务模块原型设计

Axure RP 是一个专业的快速原型设计工具，可方便定义需求和规格、设计功能和界面的专家快速创建应用软件或 Web 网站的线框图、流程图、原型和规格说明文档。作为专业的原型设计工具，它能快速、高效地创建原型。

Axure RP 的特点如下。

① Axure RP 快速创建带注释的 wireframe 文件，并可根据所设置的时间周期自动保

存文档，确保文件安全。

② Axure RP 在不写任何一条 HTML 和 javascript 语句的情况下，通过创建文档以及相关条件和注释，一键生成 HTML prototype 演示。

③ 可快速生成产品 PRD 文档。

④ 可封装视觉元素，便捷地搭建高保真 UI 界面。

Axure RP 的主功能界面如图 3-20 所示。

图3-20　Axure RP主功能界面

① 主菜单及工具栏：执行常用操作，如文件打开、保存、格式化控件、输出原型、输出规格等。

② 站点地图：也被称作页面导航面板，用于管理所设计的页面，可以对页面进行添加、删除操作，还可以组织页面的层次关系。

③ 控件面板：也被称作元件库，用于设计原型图的用户界面元素。常用的控件有按钮、图片、文本框等。

④ 模块面板：也被称作母版面板。模块是可以重复使用的特殊页面，例如页首、页尾与导航等。

⑤ 线框图面板：进行设计的工作区。

⑥ 控件交互面板：定义控件的动态交互，如链接、弹出、动态显示和隐藏等。

分析完业务流程及页面信息结构之后，我们开始着手绘制产品原型图。绘制原型图的工具有很多，Axure RP 是其中之一，我们将采用 Axure RP 进行用户服务模块原型设计。

步骤一：设置站点地图。

通过前面的信息结构分析，我们明确了用户服务模块具有哪些页面，在这里，我们首先采用站点地图对页面的层次关系进行梳理。用户服务模块站点地图如图 3-21 所示。

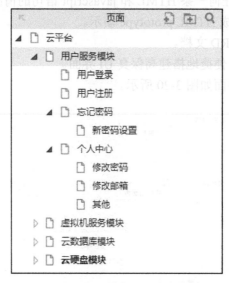

图3-21　用户服务模块站点地图

步骤二：绘制页面原型图。

（1）用户登录

通过前面的信息结构分析，我们可知用户登录页面需要包含账号输入框、密码输入框、登录按钮等元素，同时我们也要考虑到用户存在未注册或忘记密码这两种情况，用户登录原型图如图 3-22 所示。

图3-22　用户登录原型图

详细步骤如下。

① 双击"站点地图"面板中"用户登录"页面，在"线框图面板"区域详细设计页面。

② 将页面的宽度设置为 1200px，左右两边各留下 100px 的距离，中间 1000px 为主要内容。我们首先完成图 3-22 所示的左边栏设置，步骤如图 3-23 所示。

项目3　云平台核心服务需求分析与设计

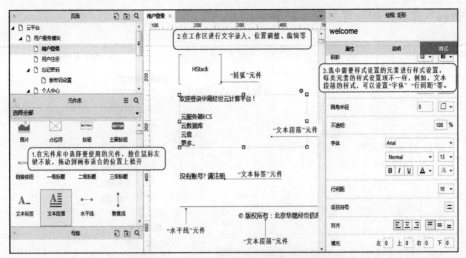

图3-23　"用户登录"页面左边栏制作

> 【知识链接】　Axure RP 辅助线
>
> 在制作页面原型图的过程中，我们要善用辅助线。Axure RP 中有 4 类辅助线：全局辅助线，应用于所有页面的辅助参考线；页面辅助线，应用于当前页面的辅助参考线；创建辅助线，采用鼠标左键从工作区标尺上拉出水平或者垂直的辅助线；显示隐藏辅助线，通过命令"布局"→"栅格与辅助线"，勾选"显示全局辅助线"或者"显示页面辅助线"显示与隐藏辅助线。

③"用户登录"表单制作。"账号""密码"均采用"文本框"元件实现，可以采用"属性"面板为"账号"文本框设置类型和提示文字，如图3-24所示。

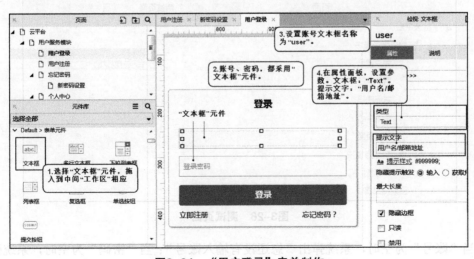

图3-24　"用户登录"表单制作

81

"密码"文本框的设置如图 3-25 所示。

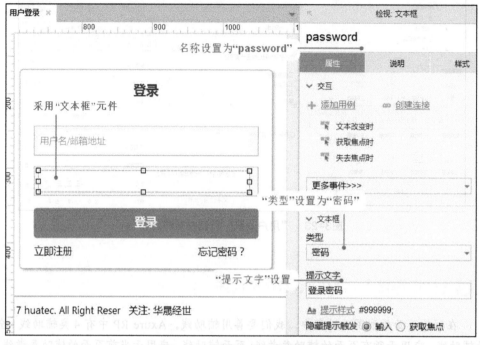

图3-25 "密码"文本框的设置

④ 同理,我们采用"提交按钮"完成"登录"按钮的制作。接下来,我们设置"登录"按钮的交互效果。

这里我们设置一组测试数据,"账号"为"admin","密码"为"123456";设置一个"测试页面",当"账号"和"密码"正确时,链接到该页面,如图 3-26 所示。

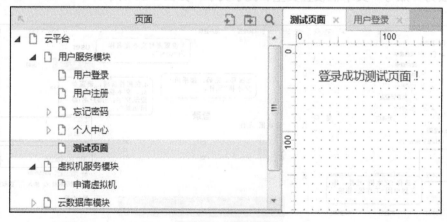

图3-26 测试页面

当"账号"为空时,系统弹出"您还没有输入账号";当"密码"为空时,系统弹出"您还没有输入密码";当"账号""密码"与测试数据不一致时,系统弹出"您输入的账号或者密码不正确,请重新输入"。

为了完成这个动态效果,我们首先制作一个动态面板用于显示错误提示信息。

在元件库中选择"动态面板"图标" ",将其拖入工作区中,双击"动态面板",进入"面板状态管理"对话框,设置"null-user""null-password""error"3种面板状态,如图3-27所示。

图3-27 动态面板状态管理

然后,我们双击"null-user"面板状态,编辑具体内容,如图3-28所示。

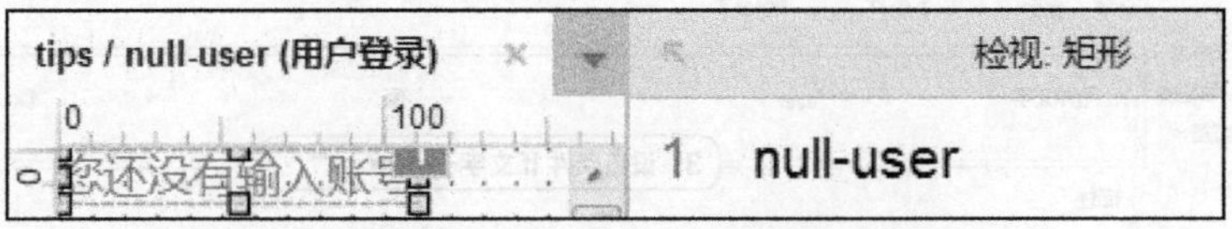

图3-28 "null-user"面板状态设置

然后,我们回到"用户登录"页面,选中动态面板"tips",在工具栏中,将面板设置为隐藏,如图3-29所示。

图3-29 元素隐藏设置

注意:元素一旦被隐藏,工作区中将显示黄色。

接下来，我们为"登录"按钮添加"鼠标单击时"事件，并设置不同条件下所触发的动作，如图 3-30 所示。

图 3-30　为"登录"按钮添加"鼠标单击时"事件

接下来，我们设置"用例"判断条件，例如，我们设置条件为"当 user 为 empty 时"，设置方法如图 3-31 所示。

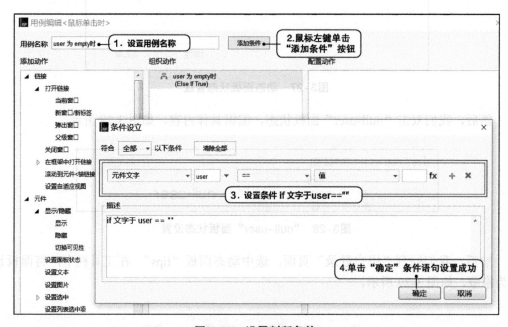

图 3-31　设置判断条件

设置触发的动作，"当 user 为 empty 时"触发如下两个动作：设置动态面板"tips"面板状态为"null-user"；显示动态面板"tips"。设置方式如图 3-32 和图 3-33 所示。

项目3 云平台核心服务需求分析与设计

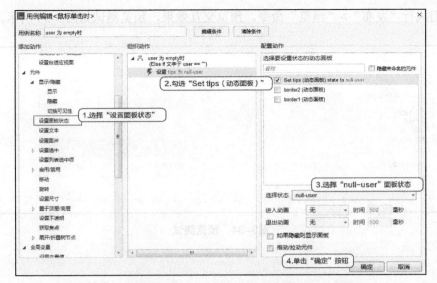

图3-32 设置动态面板"tips"面板状态为"null-user"

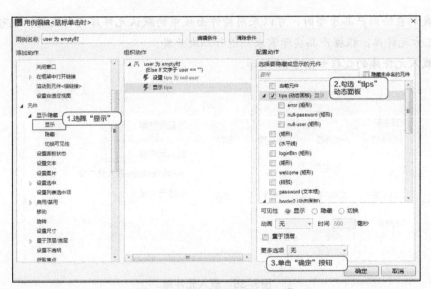

图3-33 显示动态面板"tips"

【做一做】

按照上面的操作，完成以下3种情况的动态交互效果：
① 当"密码"为空时，弹出"您还没有输入密码"；
② 当"账号""密码"与测试数据不一致时，弹出"您输入的账号或者密码不正确，请重新输入"。
③ 当"账号""密码"正确时，跳转到图3-34所示的"预览页面"。

我们执行"发布">"预览"命令，预览交互效果，预览测试如图3-34所示。

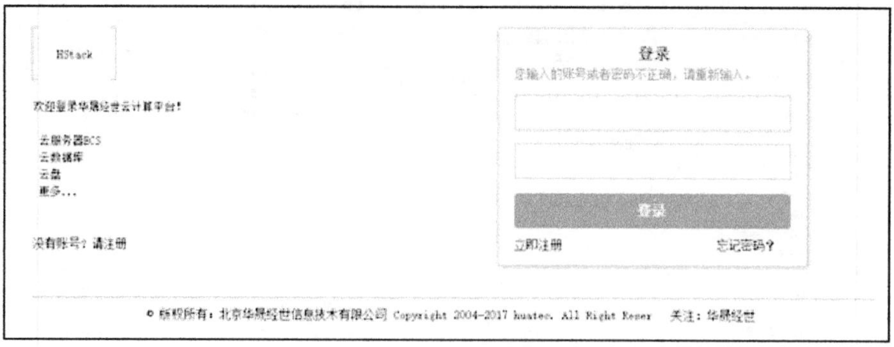

图3-34 预览测试

【知识链接】

我们在绘制产品原型时，可以采用控件面板中的默认元件库进行设置，也可以载入第三方元件库，根据产品实际需求，进行二次开发。

载入元件库的过程如图3-35所示。

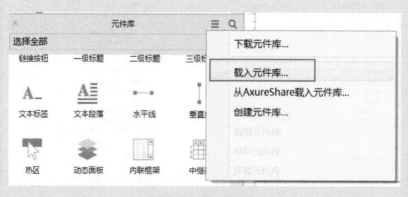

图3-35 载入元件库

举一反三，我们接下来完成"用户注册""找回密码""个人中心"的原型设计，它们的详细设计过程省略。

（2）用户注册

通过前面的信息结构分析，我们可知用户注册页面需要具有"用户名""邮箱地址""用户密码""确认密码"及"注册"按钮等元素，如图3-36所示。

（3）找回密码

通过前面的信息结构分析，我们可知"找回密码"页面需要具有"找回密码页面""新密码设置页面"。其中，"找回密码"页面具有"邮箱地址""找回密码"按钮，如图3-37所示。

图3-36　用户注册

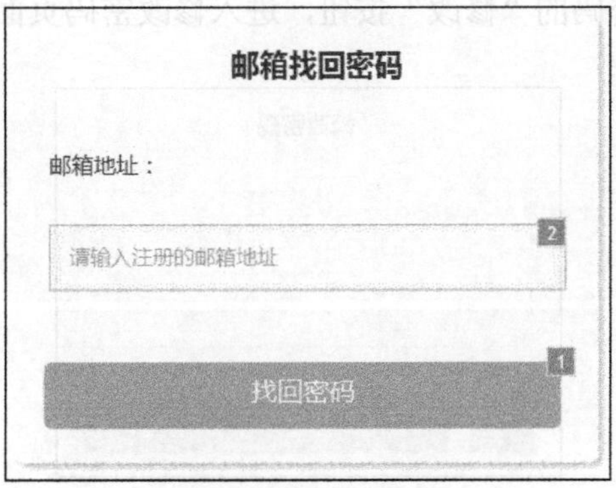

图3-37　找回密码

当用户输入邮箱地址之后，系统会发送一个链接到邮箱中，用户打开该链接，即进入"新密码设置页面"，如图3-38所示。

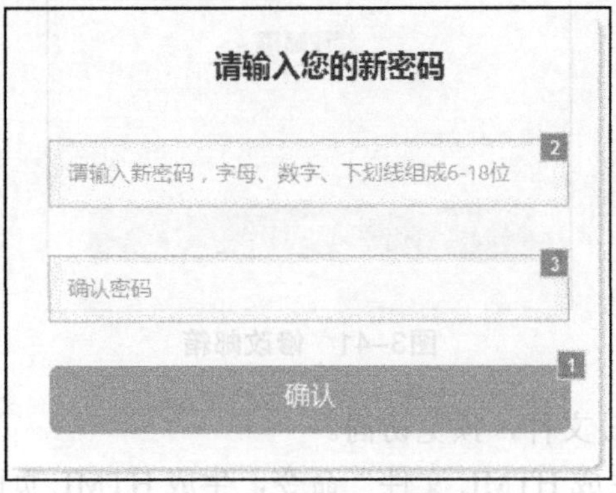

图3-38　新密码设置页面

(4) 个人中心

当用户登录成功之后，进入管理平台首页，可以通过"个人中心"对个人的"密码""邮箱"重置，如图 3-39 所示。

图3-39　个人中心

我们可以单击登录密码的"修改"按钮，进入修改密码页面，如图 3-40 所示。

图3-40　修改密码

如果我们想修改登录邮箱，即可单击登录邮箱的"修改"按钮，进入修改邮箱页面，如图 3-41 所示。

图3-41　修改邮箱

步骤三：生成 HTML 文件，预览访问。

执行"发布"→"生成 HTML 文件"命令，生成 HTML 页面，如图 3-42 所示。

项目3 云平台核心服务需求分析与设计

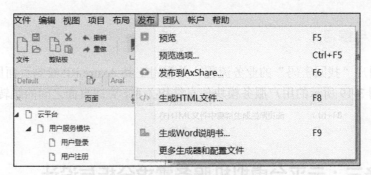

图3-42 生成HTML文件

找到生成的HTML文件中的"index.html"文件,将下述代码中的第4行代码注释掉,示例如下:

【代码3-1】 index.html

```
1  $(window).bind('load', function() {
2      if(CHROME_5_LOCAL && !$('body').attr('pluginDetected')) {
3          //注释掉以下代码,避免每次打开"index.html"就跳转到chrome页面
4          /*  window.location = 'resources/chrome/chrome.html';*/
5      }
6  });
```

再次双击"index.html",即可预览原型效果。

3.2.3 任务回顾

知识点总结

1. 用户服务模块需求分析、业务流程图的绘制。
2. 用户服务模块信息结构分析。
3. 用户服务模块原型设计的方法及步骤。
4. 原型设计工具 Axure RP 的基本操作。

学习足迹

任务二学习足迹如图3-43所示。

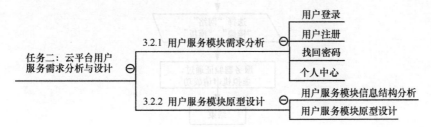

图3-43 任务二学习足迹

思考与练习

1. 简述用户"找回密码"的业务流程,并采用工具 Axure RP 绘制页面原型图。
2. 根据图 3-19 所示的用户服务模块信息结构关系,完成页面之间的跳转交互动效果,并预览调试。

3.3 任务三:云平台虚拟机服务需求分析与设计

【任务描述】

虚拟机服务是云平台的核心服务,在任务三中,我们将梳理虚拟机服务模块的业务流程,并设计原型。

3.3.1 虚拟机服务需求分析

相对于用户服务模块,虚拟机服务更为复杂,按照功能可被分为虚拟机实例、镜像、模板、网络、快照五大功能模块。

任务三将对虚拟机实例模块进行详细分析。虚拟机实例模块具有"申请虚拟机""虚拟机列表"等功能。

1. 申请虚拟机

通过 1.2.1 小节的介绍可知,我们要申请一个虚拟机实例,需要在"创建虚拟机实例"页面设置"实例名称",同时用户还需要选择网络(Neutron 组件提供)、镜像(Glance 组件提供)、模板(Nova 组件提供),即可向服务器申请一个虚拟机。申请虚拟机业务流程如图 3-44 所示。

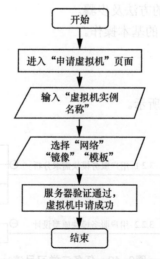

图3-44 申请虚拟机业务流程

2. 虚拟机列表

① 虚拟机列表页面是虚拟机管理的主页面，其核心功能是加载虚拟机列表信息。围绕这个功能，用户还可以执行修改虚拟机状态、查询虚拟机详情、绑定外网 IP、查看远程链接、创建虚拟机快照、修改虚拟机名称、删除虚拟机等操作。

② 加载虚拟机列表。当用户单击导航中的"云服务器 ECS"→"实例"时，服务器会查询出所有虚拟机并以集合的形式返回，然后浏览器将云服务器的相关信息以列表的形式展示给用户，业务流程如图 3-45 所示。

图3-45　虚拟机列表业务流程

③ 修改虚拟机状态。通常，虚拟机有三种状态：运行中、暂停、关闭，我们可以通过"开启""暂停""恢复""关闭"按钮对虚拟机进行状态设置。我们以"开启"虚拟机服务为例，其过程如图 3-46 所示。

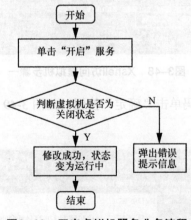

图3-46　开启虚拟机服务业务流程

> 【做一做】
>
> 请根据虚拟机服务的功能描述，绘制虚拟机服务的"暂停""恢复""关闭"的业务流程图。

3. 绑定外网 IP

绑定外网 IP 的业务流程较为简单，如图 3-47 所示。

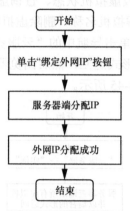

图3-47　绑定外网IP

为虚拟机动态分配一个外网 IP，分配成功后，用户可以使用 SSH 管理工具（例如 Xshell）通过外网 IP 访问该虚拟机。例如，一个虚拟机的外网 IP 为 192.168.14.120，用户可以通过 Xshell 等终端工具访问此虚拟机，第一步为图 3-48 所示的服务器 IP 地址，单击"回车"按钮。

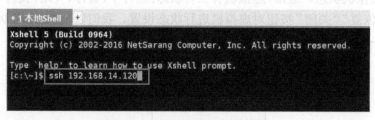

图3-48　Xshell访问虚拟机步骤一

第二步输入用户名、密码单击"确定"按钮，如图 3-49 和图 3-50 所示。

图3-49　Xshell访问虚拟机步骤二（a）

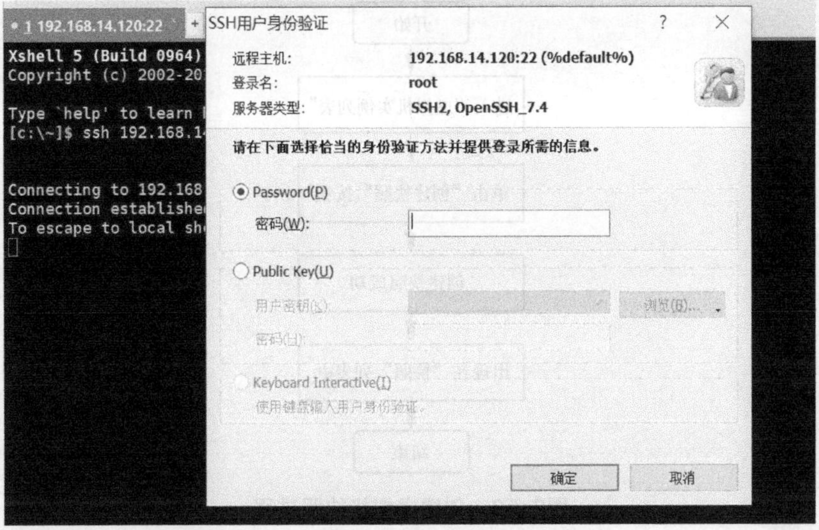

项目3 云平台核心服务需求分析与设计

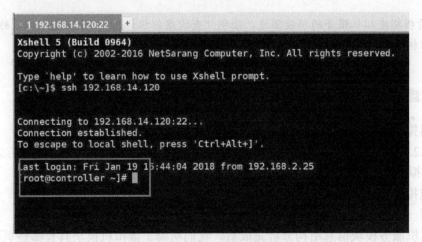

图3-50　Xshell访问虚拟机步骤二（b）

第三步进入虚拟机显示界面，如图 3-51 所示。

图3-51　Xshell访问虚拟机三

4. 查看远程链接

远程链接就是云平台服务器端为虚拟机分配的一个远程链接地址，用户在浏览器中输入该地址，即可访问该虚拟机。其业务流程也较为简单，这里不再赘述。

5. 创建虚拟机快照

为虚拟机创建快照可以保留某个时间点上的虚拟机状态，用户可以用此虚拟机快照创建其他的实例。创建虚拟机快照的过程如下：用户在"虚拟机实例列表"中单击"创建快照"按钮，云平台就会为该虚拟机创建快照，用户在"快照"中可以查看快照列表信息。创建虚拟机快照过程如图 3-52 所示。

云应用系统开发

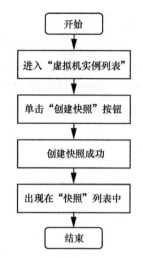

图3-52 创建虚拟机快照过程

【做一做】

请根据虚拟机服务的功能描述,绘制"查询虚拟机详情""修改虚拟机名称""删除虚拟机"的业务流程图。

3.3.2 虚拟机服务原型设计

1. 虚拟机服务模块信息结构分析

在3.2.2小节中,我们介绍了采用信息结构图将想法和概念结构化的学习方式,这里,我们将虚拟机服务进行信息化结构分析,具体如图3-53所示。

2. 虚拟机服务模块原型设计

步骤一:设置站点地图。

虚拟机服务模块信息结构分析完成后,我们明确了虚拟机模块具有哪些页面,下面用站点地图对页面的层次关系进行梳理,如图3-54所示。

步骤二:绘制页面原型图。

(1) 申请虚拟机实例

根据图3-53所示的信息结构图,我们可知申请虚拟机页面需要具有"实例名称"文本框、"选择网络"下拉菜单、"选择模板"下拉菜单、"选择镜像"下拉菜单、"申请"按钮等元素,如图3-55所示。

(2) 虚拟机列表

如图3-56所示,虚拟机列表包含"新增实例"按钮,我们单击该按钮,页面可以跳转到如图3-55所示的申请虚拟机实例页面。

项目3　云平台核心服务需求分析与设计

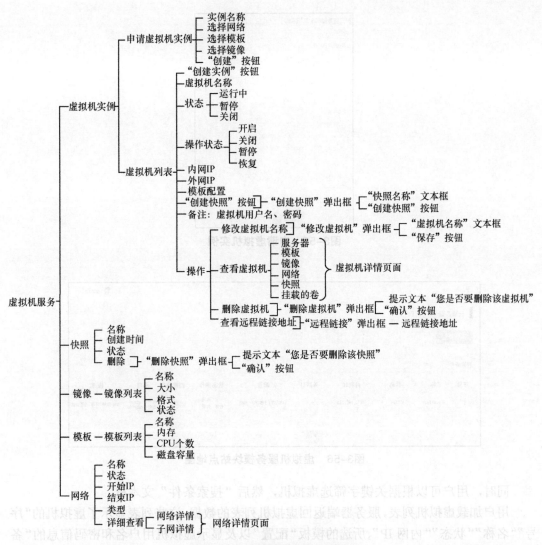

图3-53　虚拟机服务信息结构

图3-54　虚拟机服务模块站点地图

图3-55 申请虚拟机实例

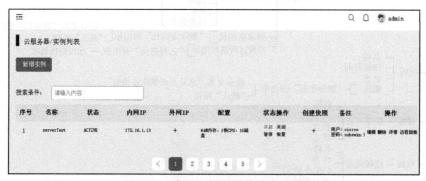

图3-56 虚拟机服务模块站点地图

同时,用户可以根据关键字筛选虚拟机,然后"搜索条件"文本框。

用户加载虚拟机列表,服务器端返回虚拟机列表的数据,这些列表显示了虚拟机的"序号""名称""状态""内网IP"、所选的模板"配置"以及显示虚拟机用户名和密码信息的"备注";同时,用户还可以通过"状态操作"里的"开启""关闭""暂停""恢复"4个按钮改变虚拟机的"状态"。操作如下:设计一个"操作"组,单击"编辑"按钮,弹出"编辑实例"对话框,修改虚拟机实例名称如图3-57所示。

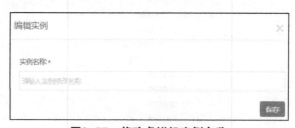

图3-57 修改虚拟机实例名称

单击"删除"按钮,可以删除该虚拟机;单击"详情"按钮,即可查看虚拟机的详细信息,这些信息包含"服务详情""模板详情""镜像详情""网络详情""快照详情""挂载的卷"

等内容，如图 3-58 所示。

图3-58　虚拟机详情信息

【做一做】

请举一反三，完成虚拟机快照、镜像、模板、网络的原型设计。
步骤三：生成 HTML 文件，预览访问。
执行"发布"→"生成 HTML 文件"命令，生成 HTML 页面，并进行预览测试。

3.3.3　任务回顾

知识点总结

1. 虚拟机服务模块需求分析、业务流程图的绘制。
2. 虚拟机服务模块信息结构分析。
3. 虚拟机服务模块原型设计的方法及步骤。

学习足迹

任务三学习足迹如图 3-59 所示。

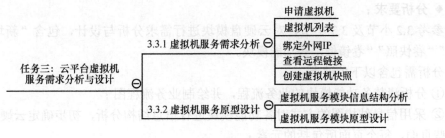

图3-59　任务三学习足迹

> 思考与练习

1. 虚拟机服务按照功能可以划分为虚拟机、_____、_____、_____、快照五大功能模块。

2. 请对"虚拟机快照"功能模块进行分析,包含"创建快照""快照列表""删除快照"等,并进行业务流程分析、信息结构分析、页面原型设计。

3.4 项目总结

项目 3 为后续云平台后台核心服务接口的开发打下坚实基础,通过项目 3 的学习,我们可进一步认识云平台的核心功能模块;掌握需求分析的方法,可对用户服务、虚拟机服务进行详细的需求分析;掌握信息结构分析的方法,可对用户服务、虚拟机服务进行详细的信息结构分析;掌握原型设计的方法及工具 Axure RP 的基本使用,可对用户服务、虚拟机服务进行原型图的绘制。

项目 3 技能图谱如图 3-60 所示。

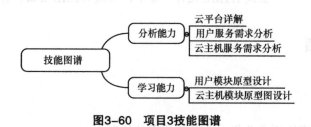

图3-60　项目3技能图谱

3.5 拓展训练

自主分析:"云硬盘"模块的需求分析与设计

◆ 分析要求:

参考 3.2 小节及 3.3 小节,对云硬盘模块进行需求分析与设计,包含"新增卷""卷列表""卷快照""卷镜像"等功能模块。

分析需包含以下关键点:

① 分析清楚各功能模块的业务流程,并绘制业务流程图;

② 采用信息结构图的方式对各功能模块进行信息结构分析,初步确定云硬盘模块具有哪些页面,每个页面所包括的元素;

③ 对各功能模块的页面进行原型图设计，并采用 Axure RP 绘制原型图。
- ◆ **格式要求**：要求输出业务流程图、信息结构图、原型图。
- ◆ **考核方式**：分组（每组 2~3 人），采取路演的方式进行展示，时间要求 5 分钟。
- ◆ **评估标准**：见表 3-2。

表3-2　拓展训练评估标准表

项目名称："云硬盘"模块的需求分析与设计	项目承接人：姓名：	日期：
项目要求	评价标准	得分情况
"云硬盘"模块的业务流程分析（25分）	①功能划分合理、准确（10分） ②功能业务流程设计合理、准确（10分） ③发言人语言简洁、严谨；言行举止大方得体；说话有感染力，能深入浅出（5分）	
"云硬盘"模块的信息结构分析（25分）	①信息结构设计合理、准确（10分） ②反馈页面设计合理、准确（10分） ③发言人语言简洁、严谨；言行举止大方得体；说话有感染力，能深入浅出（5分）	
"云硬盘"模块的原型设计与实现（50分）	①页面站点地图设计合理、准确（10分） ②页面原型设计合理、元素使用得当（15分） ③页面原型交互动效设计正确（10分） ④页面原型元素对齐、美观（10） ⑤发言人语言简洁、严谨；言行举止大方得体；说话有感染力，能深入浅出（5）	
评价人	评价说明	备注
个人		
老师		

项目 4
云平台用户服务功能开发

项目引入

经过一个多月的学习,我已基本掌握需求分析和原型图设计的方法,也已将原型图设计出来了,鉴于我的审美水平有限,我便请我的好友帮我设计 UI 并制作 HTML 页面。

接下来我打算开始开发后台核心服务了。

> 小 b:小 a,OpenStack 中都写好 API 了,你可以在页面中直接调用 API,为什么还要开发后台呢?
>
> 小 a:OpenStack 中 API 的功能相对严谨,以登录为例,其需要获取两次 Token,这样单击一个登录按钮就需要调用不止一个 API,所以最好在后台进行一次封装。
>
> 小 b:可以画张图介绍吗?

API 封装的意义如图 4-1 所示。

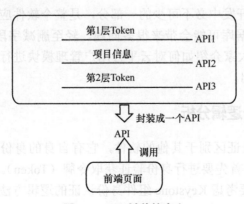

图4-1　API封装的意义

知识图谱

项目 4 知识图谱如图 4-2 所示。

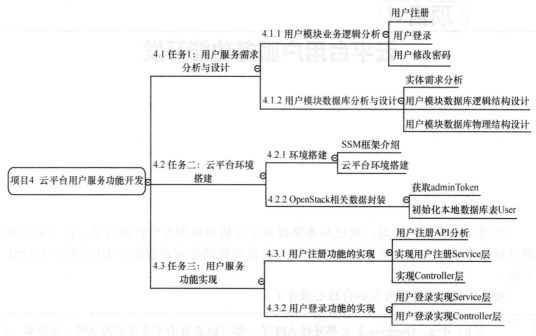

图4-2　项目4知识图谱

4.1　任务一：用户服务需求分析与设计

【任务描述】

数据库设计是软件开发中必不可少的一部分，是整个软件应用的根基，是软件开发的起点。没有设计好数据库可能会带来很多问题，轻至删减字段，重至系统无法运行。任务一的主要内容是向大家介绍如何对云平台用户管理模块进行数据库分析与设计，为后期的开发工作打好基础。

4.1.1　用户模块业务逻辑分析

OpenStack 的用户认证区别于其他的软件，它有自身的身份认证组件 Keystone，要调用 OpenStack 的 API，首先要进行身份验证获取令牌（Token）。云平台是对 OpenStack 的二次开发，在开发时要考虑 Keystone 组件身份认证的逻辑方法。用户模块规划了 3 个 API，包括注册、登录、修改密码，如图 4-3 所示。

项目4 云平台用户服务功能开发

图4-3 用户模块API分析图

1. 用户注册

用户注册云平台时,会请求 OpenStack 获取 Token,并携带 Token 请求 OpenStack 创建用户的 API。用户只需进入注册页面,提供不重复的用户名和较复杂的密码,然后单击"注册"按钮即可完成此操作。这时后台系统会根据输入的用户名和密码请求 OpenStack 进行验证返回响应,如果用户名、密码格式都正确,系统会返回"注册成功"的提示信息。

> 【注意】
>
> 用户注册完成要等待管理员审批才能使用虚拟机服务。

用户注册基本流程见表 4-1。

表4-1 用户注册基本流程

名称	用户注册
编号	Case 001
描述	提供用户名、邮箱、密码进行注册
基本流程	①用户单击链接进入注册页面。 ②输入用户名、邮箱、密码,单击注册按钮,请求后台系统。 ③后台首先判断此用户名是否存在、邮箱是否存在,如果存在返回提示信息;用户名已存在或邮箱账号已存在,账号不存在时可以进行注册、进入下一请求。 ④获取Token构建请求参数,携带Token请求OpenStack创建用户的API,请求成功返回响应,失败则返回错误信息。 ⑤注册成功返回成功提示信息,后台系统会解析OpenStack,并返回响应获取UserId存入本地数据库User表,页面跳转至登录页面,注册失败则给出错误提示信息并返回注册页面。
提交数据	用户名、密码、邮箱
返回数据	注册是否成功

2. 用户登录

用户成功注册后就可以登录云平台了,操作如下:用户进入登录页面,提供用户名和密码,后台系统请求 OpenStack 对数据进行验证,如果用户名、密码正确就登录成功,页面跳转至云平台首页；如果用户名不存在或用户名、密码不匹配，页面就提示登录失败信息并返回登录页面。

用户登录基本流程见表4-2。

表4-2 用户登录基本流程

名称	用户登录
编号	Case 002
描述	用户输入用户名、密码进行登录
基本流程	① 用户进入登录页面。 ② 用户输入用户名、密码，单击"登录"按钮请求后台系统。 ③ 系统对请求的数据进行验证，判断用户名是否为空，密码是否为空，并判断用户名是否存在以及密码是否正确。 ④ 经过上述判断，用户名、密码都正确则显示登录成功，OpenStack返回响应，之后解析响应获取登录用户信息：用户名、密码、UserId、项目ID、Token信息。 ⑤ 认证成功后，系统根据数据验证结果并返回相应页面，登录成功直接跳转至云平台首页，失败则给出错误提示信息并返回登录页面
提交数据	用户名、密码
返回数据	登录是否成功

3. 用户修改密码

成功登录到云平台后，用户可以到个人中心请求修改密码，此操作主要是修改用户登录密码的操作。此操作流程非常简单，用户只需进入修改密码页、输入原密码和新密码、请求后台系统、系统构建请求参数请求 OpenStack API，待系统验证通过即可。

用户修改密码基本流程见表4-3。

表4-3 用户修改密码基本流程

名称	用户修改密码
编号	Case 003
描述	用户修改密码
基本流程	①用户进入修改密码页面。 ②用户输入原密码、新密码，请求后台系统。 ③ 系统先判断原密码是否输入正确，如果输入失败则返回错误提示信息请求重新输入，输入成功后，进入下一请求页面。 ④ 构建请求参数请求OpenStack进行密码修改操作。 ⑤ 系统根据数据验证的结果返回响应提示信息，修改成功返回成功的提示信息，并更新User表然后跳转至登录页面；修改失败则返回错误提示信息
提交数据	原密码、新密码
返回数据	修改是否成功

4.1.2 用户模块数据库分析与设计

迄今为止，关系型数据库仍然是最常用的数据库，而最常用的关系型数据库有 Oracle、SQLServer、DB2 和 MySQL 等。鉴于 MySQL 具有开源、高效、可靠等特点，云平台系统普遍采用 MySQL 数据库。本节将以用户模块为例，对用户模块的数据进行需求分析，并用逻辑结构和物理结构的形式对用户模块的数据库进行具体设计。

1. 实体需求分析

用户模块数据库需求分析中的用户模块包含两个实体，分别是 User 实体和 Tenant 实体。

（1）User 实体

User 实体等同于 User 表，User 表用以存储注册用户信息。

User 实体包括的数据项有编号、用户名、密码、项目编号、域和注册时间，如图 4-4 所示。

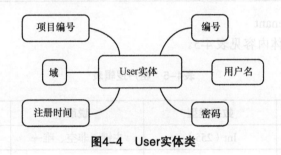

图4-4 User实体类

（2）Tenant 实体

在 2.2.1 小节中，我们介绍了 OpenStack 有用户、租户和角色的概念，OpenStack 默认 Tenant 有 admin、demo、service 用户。在 OpenStack 中，只有管理员才能申请注册用户，我们需要 admin 的 TenantId 以获取 adminTokenId，携带 adminTokenId 调用注册用户的 API。Tenant 表用来存储 OpenStack 中的租户信息。

Tenant 实体包括的数据项有编号、项目编号、名称、创建时间和过期时间，如图 4-5 所示。

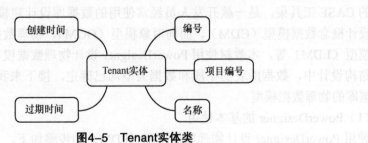

图4-5 Tenant实体类

2. 用户模块数据库逻辑结构设计

4.1.1 小节已对用户模块的数据库进行了需求分析，4.1.2 小节以表格的形式对用户模块数据库进行逻辑结构设计。

（1）用户表 hs_user

用户逻辑表的具体内容见表 4-4。

表4–4 用户逻辑表

字段名	数据类型	说明	描述
user_id	varchar（255）	主键、非空、唯一	用户编号
name	varchar（50）	非空	用户名
password	varchar（255）	非空	密码
project_id	varchar（255）	非空	项目编号
domain	varchar（50）	非空	域
creatime	timestamp	可为空	注册时间
email	varchar（255）	非空	邮箱

（2）租户表 hs_tenant

租户逻辑表的具体内容见表 4-5。

表4–5 租户逻辑表

字段名	数据类型	说明	描述
id	Int（255）	主键、非空、唯一	编号
tenant_id	varchar（50）	非空	项目ID
tenant_name	varchar（255）	非空	项目名称
creatime	timestamp	非空	创建时间
modifytime	timestamp	非空	修改时间

3. 用户模块数据库物理结构设计

设计数据库时一般都采用 PowerDesigner 设计物理数据模型，PowerDesigner 是 Sybase 公司的 CASE 工具集，是一款开发人员经常使用的数据库设计建模工具。PowerDesigner 可以设计概念数据模型（CDM）、面向对象模型（OOM）、物理数据模型（PDM）、逻辑数据模型（LDM）等，本教材使用 PowerDesigner 设计物理数据模型（PDM）。在上面的逻辑结构设计中，数据库表的字段和数据类型均已确定，接下来我们就开始介绍如何设计数据库的物理数据模型。

（1）PowerDesigner 的基本使用

使用 PowerDesigner 设计物理数据模型（PDM）的步骤如下。

步骤一：打开 PowerDesigner 软件，在上方的菜单栏中单击文件——建立新模型，如图 4-6 所示。

步骤二：选择新建物理对象模型（Physical Data Model），如图 4-7 所示。

项目4 云平台用户服务功能开发

图4-6 PDM设计步骤一

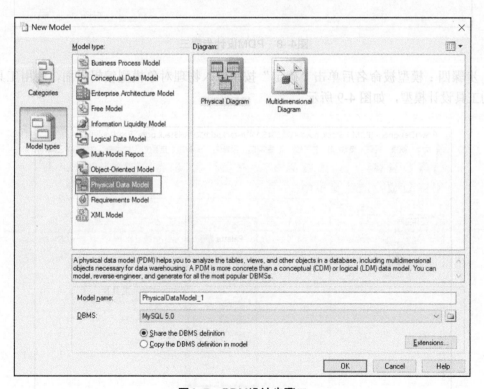

图4-7 PDM设计步骤二

步骤三：选择使用的数据库，如图4-8所示。

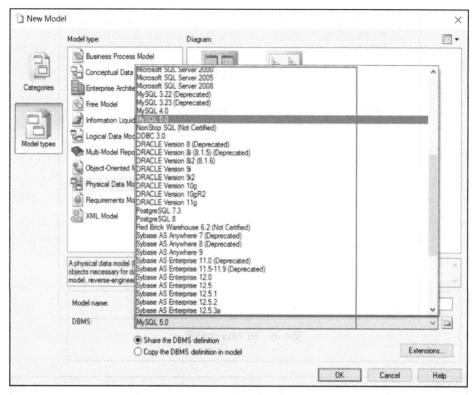

图4-8　PDM设计步骤三

步骤四：模型被命名后单击"确定"按钮进入物理对象模型编辑界面，使用工具栏中的工具设计模型，如图4-9所示。

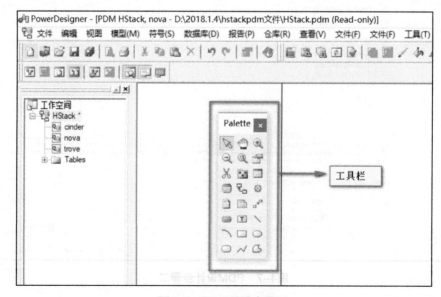

图4-9　PDM设计步骤四

步骤五：单击工具栏中的 Table 工具，然后在画布上单击建立表，最后双击表编辑名称和字段，如图 4-10 所示。

图4-10　PDM设计步骤五

至此，我们已经知道了 PowerDesigner 的使用方法，接下来我们介绍如何设计用户模块的物理数据模型。

（2）使用 PowerDesigner 设计用户模块物理数据模型

用户模块的物理数据模型，分别为 hs_user 表和 hs_tenant 表，如图 4-11 所示。

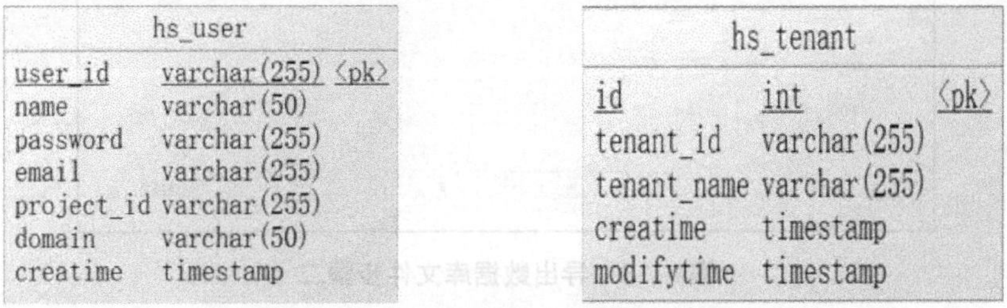

图4-11　用户模块的物理设计模型

用 PowerDesigner 设计的物理数据模型都可以导出 .sql 文件。

【知识拓展】

.sql 文件可以直接导入数据库中并进行表结构创建。

（3）导出数据库文件

导出数据库文件的步骤如下。

步骤一：单击菜单栏中的数据库选项——"Generate Database"，如图 4-12 所示。
步骤二：修改存放路径和文件名称，单击"确定"按钮生成 .sql 文件，如图 4-13 所示。
步骤三：出现 Generated Files 提示框，导出 .sql 文件成功，如图 4-14 所示。

云应用系统开发

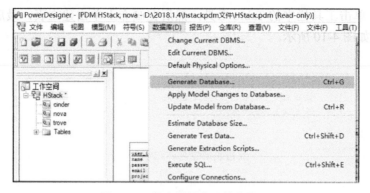

图4-12 导出数据库文件步骤一

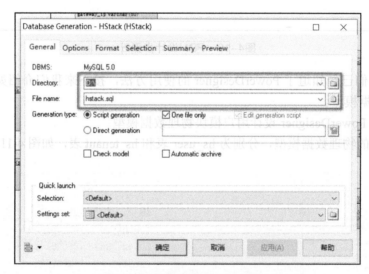

图4-13 导出数据库文件步骤二

图4-14 导出数据库文件成功

步骤四：进入 MySQL 数据库，新建一个名为 h_stack 的数据库（SQL 语句：create database h_stack default charset utf8;），使用 h_stack（SQL 语句：use h_stack;）。

步骤五：使用 source 命令将 .sql 文件导入 h_stack 数据库中（例如：source d:h_stack.sql;），如图 4-15 所示。

```
mysql> create database h_stack default charset utf8;
Query OK, 1 row affected (0.00 sec)

mysql> use h_stack;
Database changed
mysql> source d:h_stack.sql;
Query OK, 0 rows affected (0.00 sec)

Query OK, 0 rows affected, 1 warning (0.01 sec)

Query OK, 0 rows affected (0.08 sec)

Query OK, 0 rows affected, 1 warning (0.00 sec)

Query OK, 0 rows affected (0.01 sec)

Query OK, 0 rows affected, 1 warning (0.00 sec)

Query OK, 0 rows affected (0.01 sec)

Query OK, 0 rows affected, 1 warning (0.00 sec)

Query OK, 0 rows affected (0.01 sec)

Query OK, 0 rows affected, 1 warning (0.00 sec)

Query OK, 0 rows affected (0.01 sec)
```

图4-15　.sql文件导入数据库

导入后的结果如图 4-16 所示。

```
mysql> show tables;
+-------------------+
| Tables_in_h_stack |
+-------------------+
| hs_flavor         |
| hs_floating_ip    |
| hs_image          |
| hs_network        |
| hs_port           |
| hs_server         |
| hs_server_create  |
| hs_server_image   |
| hs_snapshot       |
| hs_subnet         |
| hs_tenant         |
| hs_user           |
| hs_volume         |
| hs_volume_server  |
+-------------------+
14 rows in set (0.00 sec)

mysql>
```

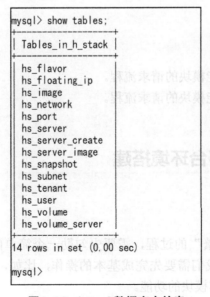

图4-16　hstack数据库中的表

4.1.3 任务回顾

知识点总结

1. 用户注册、登录的请求流程。
2. 用户修改密码的请求流程。
3. User 实体：编号、用户名、密码、项目编号、域、注册时间。
4. Tenant 实体：编号、项目编号、名称、创建时间、过期时间。
5. 使用 PowerDesigner 设计物理数据模型，导出 .sql 文件，创建数据库，将 .sql 文件导入数据库。

学习足迹

任务一学习足迹如图 4-17 所示。

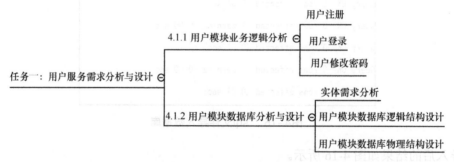

图4-17 任务一学习足迹

思考与练习

1. 请简述用户注册功能模块的请求流程。
2. 请简述用户登录功能模块的请求流程。

4.2 任务二：云平台环境搭建

【任务描述】

软件开发是"由简入繁"的过程，需要先勾勒一个简单的轮廓，然后再完善细节。云平台的开发也是如此，我们需要先完成基本的操作，比如，先完成云平台的环境搭建工作，然后再考虑实现具体模块的功能。

4.2.1 环境搭建

云平台采用 SSM（Spring+SpringMVC+Mybatis）框架开发用户模块 Service 层和 Controller 层，相关人员在开发过程中也会编写新的 Dao 层接口以供调用。

1. SSM 框架介绍

SSM 框架集由 Spring、SpringMVC、Mybatis 3 个开源框架整合而成，是标准的 MVC 模式，其是继 SSH 之后，目前比较主流的 Java EE 企业级框架，适用于各种大型的企业级应用系统的搭建。

（1）Spring 简介

Spring 是一个开源的、轻量级的 Java 开发框架，用于简化企业级应用程序的开发，Spring 有轻量、控制反转、面向切面等特性。

① 轻量：Spring 的轻量体现在大小和开销两方面。完整的 Spring 框架可以在一个大小只有 1MB 多的 jar 文件中发布，Spring 中需要的处理开销也非常小。此外，Spring 是非侵入式的，例如：Spring 应用中的对象不依赖 Spring 的特定类。

② 容器：Spring 包罗并管理应用对象的配置和生命周期，从这方面讲它是一个容器。由 Spring 容器管理的、组成应用程序的对象被称作 Bean，Bean 就是 Spring 容器初始化、装配及管理的对象，Spring 容器相当于一个巨大的 Bean 工厂。

③ 控制反转（Inverse of Control，IoC）：指程序中对象的获取方式发生反转。它由最初的 New 方式创建，转变为由 Spring 创建，以降低耦合性。控制反转是通过 DI(Dependency Injection，依赖注入) 来实现的。

④ 面向切面编程（Aspect Oriented Programming，AOP）：AOP 基于 IoC，是对 OOP（面向对象编程）的有益补充。AOP 的本质是将共同处理逻辑和原有传统业务处理逻辑剥离并独立封装成组件，然后通过配置低耦合形式将其切入至原有的传统业务组件中。

⑤ MVC：Spring MVC 属于 Spring 的后续产品，其提供了构建 Web 应用程序的全功能 MVC 模块。在使用 Spring 进行 Web 开发时，相关人员可以选择使用 SpringMVC 框架或集成其他 MVC 的开发框架，如 Struts1、Struts2 等。

（2）SpringMVC 简介

SpringMVC 是 Spring 实现的一个 Web 层，相当于 Struts 框架，但是比 Struts 更加灵活和强大。SpringMVC 是典型的 MVC 结构，SpringMVC 主要由 DispatcherServlet、处理器映射、后端控制器、模型和视图、视图解析器组成，具体如图 4-18 所示。

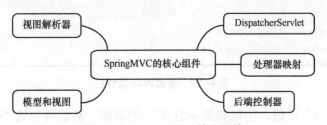

图4-18　SpringMVC核心组件

① DispatcherServlet 是 Spring 提供的前端控制器，也是 SpringMVC 的中央调度器，所有的请求都经过它来统一分发。前端控制器将请求分发给处理器之前，需要借助 Spring 提供的处理器映射将请求定位到具体的处理器。

② 处理器映射请求派发，前端控制器会根据处理器映射来调用相应的处理器组件。

③ 后端控制器负责具体的请求处理流程，然后将模型和视图对象返回给前端控制器，模型和视图对象中包含了模型（Model）和视图（View），需要为并发用户处理请求，因此实现后端控制器接口时，必须保证线程安全并且可重用。

④ 模型和视图：封装了处理结果的数据和视图名称信息。

⑤ 视图解析器是视图显示处理器。

（3）Mybatis 简介

Mybatis 是一个支持普通 SQL、存储过程和高级映射的持久层框架，可封装 JDBC 技术，简化数据库操作代码。Mybatis 使用简单的 XML 或注解进行配置和原始映射，将接口和 Java 的 POJOs 映射成数据库中的记录。

2. 云平台环境搭建

① 新建 Web 项目，并将其命名为 HStack2，如图 4-19 和图 4-20 所示。

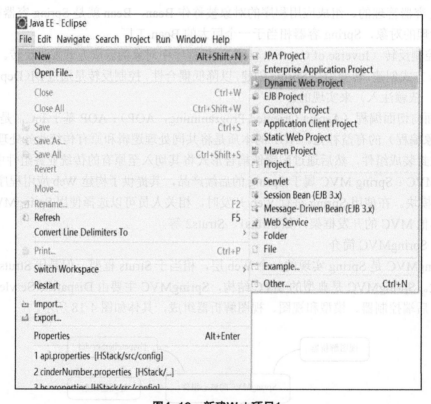

图4-19　新建Web项目1

② 单击"Next"按钮，出现如图 4-21 所示的页面，然后再勾选"Generate web.xml deployment descriptor"，单击"Finish"按钮，新建 Web 项目成功。

项目4 云平台用户服务功能开发

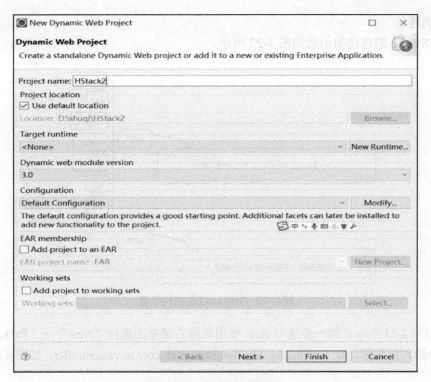

图4-20 新建Web项目2

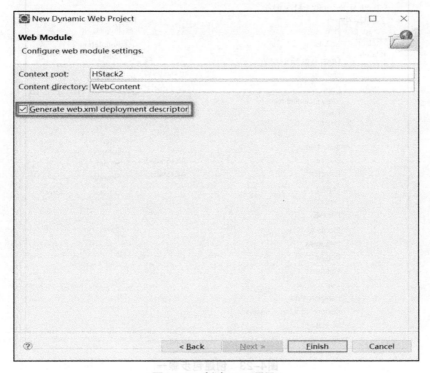

图4-21 新建Web项目3

③ 创建包
- HStack2 的包结构示意如图 4-22 所示。

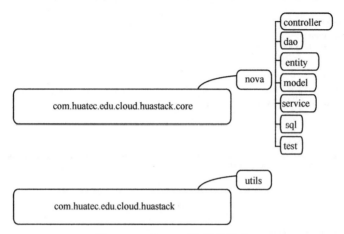

图4-22　HStack2包结构示意

- 如图 4-23 所示，第一步选中 src，使用鼠标右键单击选择"New"→"Package"，在弹出框中输入包名称，如：com.huatec.edu.cloud.huastack.core.nova.controller，如图 4-24 所示。

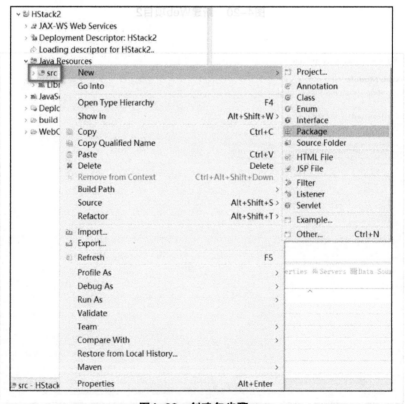

图4-23　创建包步骤一

项目4 云平台用户服务功能开发

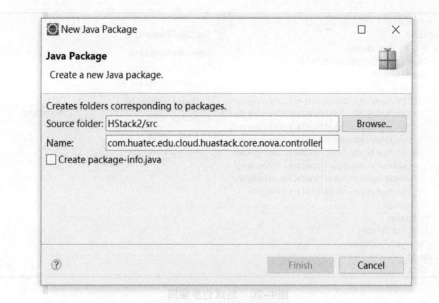

图4-24 创建包步骤二

创建包完成，如图 4-25 所示。

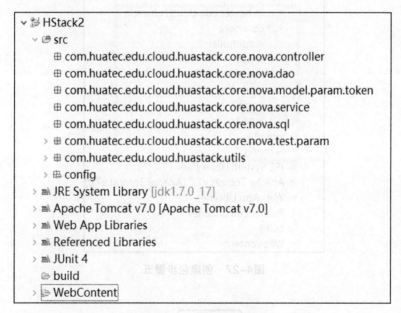

图4-25 创建包步骤三

创建包完成后，我们可以改变包结构的显示方式，如图 4-26 所示，单击图标中的"Package Presentation"→"Hierarchical"，图 4-27 所示为改变结构之后的显示内容。

- src 下的 config 包中存放配置文件，如图 4-28 所示。

117

云应用系统开发

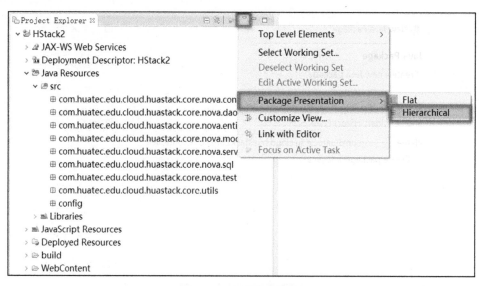

图4-26 创建包步骤四

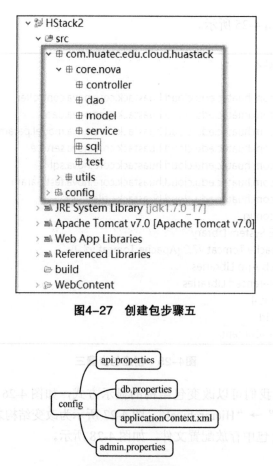

图4-27 创建包步骤五

图4-28 配置文件

admin.properties：OpenStack 管理员连接信息，具体代码如下：

【代码 4-1】 admin.properties

```
1 admin_pwd=admin
```

db.properties：数据库连接文件，具体代码如下：

【代码 4-2】 db.properties

```
1 driver=com.mysql.jdbc.Driver
2 url=jdbc:mysql://localhost:3306/test_hs?useUnicode=true&characterEncoding=UTF-8
3 user=root
4 pwd=root
```

applicationContext.xml：配置文件中斜体代码部分，但在测试环境搭建项目启动前先使用注解注掉，否则会报错（org.springframework.beans.factory.BeanCreationException），测试环境搭建成功后再把内容添加到配置文件中。配置文件具体代码如下：

【代码 4-3】 applicationContext.xml

```
1 <?xml version="1.0" encoding="UTF-8"?>
2 <beans
3 xmlns="http://www.springframework.org/schema/beans"
4 xmlns:xsi="http://www.w3.org/2001/XMLSchema-instance"
5 xmlns:context="http://www.springframework.org/schema/context"
6 xmlns:jdbc="http://www.springframework.org/schema/jdbc"
7 xmlns:jee="http://www.springframework.org/schema/jee"
8 xmlns:tx="http://www.springframework.org/schema/tx"
9 xmlns:aop="http://www.springframework.org/schema/aop"
10 xmlns:mvc="http://www.springframework.org/schema/mvc"
11 xmlns:util="http://www.springframework.org/schema/util"
12 xmlns:jpa="http://www.springframework.org/schema/data/jpa"
13 xsi:schemaLocation="
14 http://www.springframework.org/schema/beans http://www.springframework.org/schema/beans/spring-beans-3.2.xsd
15 http://www.springframework.org/schema/context http://www.springframework.org/schema/context/spring-context-3.2.xsd
16 http://www.springframework.org/schema/jdbc http://www.springframework.org/schema/jdbc/spring-jdbc-3.2.xsd
17 http://www.springframework.org/schema/jee http://www.springframework.org/schema/jee/spring-jee-3.2.xsd
18 http://www.springframework.org/schema/tx http://www.springframework.org/schema/tx/spring-tx-3.2.xsd
19 http://www.springframework.org/schema/data/jpa http://www.springframework.org/schema/data/jpa/spring-jpa-1.3.xsd
20 http://www.springframework.org/schema/aop http://www.springframework.org/schema/aop/spring-aop-3.2.xsd
21 http://www.springframework.org/schema/mvc http://www.springframework.org/schema/mvc/spring-mvc-3.2.xsd
22 http://www.springframework.org/schema/util http://www.springframework.org/schema/util/spring-util-3.2.xsd">
23 <!-- 开启组件扫描 -->
```

```xml
24 <context:component-scan base-package="com.huatec.edu.cloud.huastack"/>
25 <!-- SpringMVC 注解支持 -->
26 <mvc:annotation-driven/>
27 <!-- 配置视图解析器 ViewResolver，负责将视图名解析成具体的视图技术，比如解析成 HTML、jsp 等 -->
28 <bean id="viewResolver"
29 class="org.springframework.web.servlet.view.InternalResourceViewResolver">
30 <!-- 前缀属性 -->
31 <property name="prefix" value="/"/>
32 <!-- 后缀属性 -->
33 <property name="suffix" value=".html"/>
34 </bean>
35 <!-- 配置数据库连接信息 -->
36 <util:properties id="jdbc" location="classpath:config/db.properties"/>
37 <bean id="dbcp" class="org.apache.commons.dbcp.BasicDataSource">
38 <property name="driverClassName" value="#{jdbc.driver}"/>
39 <property name="url" value="#{jdbc.url}"/>
40 <property name="username" value="#{jdbc.user}"/>
41 <property name="password" value="#{jdbc.pwd}"/>
42 </bean>
43 <!-- 配置 SqlSessionFactoryBean -->
44 <!-- 可以定义一些属性来指定 Mybatis 框架的配置信息 -->
45 <bean id="ssf" class="org.mybatis.spring.SqlSessionFactoryBean">
46 <!-- 数据源，注入连接信息 -->
47 <property name="dataSource" ref="dbcp"/>
48 <!-- 用于指定 sql 定义文件的位置（加 classpath 从 src 下找）-->
49 <property name="mapperLocations"
50 value="classpath:com/huatec/edu/cloud/huastack/core/*/sql/*.xml"/>
51 </bean>
52 <!-- 配置 MapperScannerConfigurer -->
53 <!-- 按指定包扫描接口，批量生成接口实现对象，id 为接口名首字母小写 -->
54 <bean class="org.mybatis.spring.mapper.MapperScannerConfigurer">
55 <!-- 指定扫描 com.huatec.edu.cloud.huastack.dao 包下所有接口 -->
56 <property name="basePackage"
57 value="com.huatec.edu.cloud.huastack.core.*.dao"/>
58 <!-- 注入 sqlSessionFactory（句可不写，自动注入 sqlSessionFactory）-->
59 <property name="sqlSessionFactory" ref="ssf"/>
60 </bean>
61 </beans>
```

API.properties：OpenStack 服务器连接文件，包括 OpenStack IP 地址，以及调用 OpenStack 各个组件 API 的端口号连接信息，配置信息的具体代码如下：

【代码 4-4】 API.properties

```
1 #OpenStack 服务器 IP 地址
2 IP=http://192.168.14.120
```

项目4 云平台用户服务功能开发

```
 3 #Token 端口号
 4 token_port=:5000/v2.0
 5 #keystone 身份认证组件端口号
 6 keystone_port=:5000/v3
 7 #nova 虚拟机组件端口号
 8 nova_port=:8774/v2.1
 9 #glance 镜像组件端口号
10 glance_port=:9292/v2
11 #neutron 网络组件端口号
12 neutron_port=:9696/v2.0
13 #cinder 卷组件端口号
14 cinder_port=:8776/v3
```

导入所需的 jar 包，将相关 jar 包放在 WebContent → WEB-INF → lib 下；云平台所需的 jar 包如图 4-29 所示。

在 WebContent → WEB-INF 下配置 web.xml 文件，具体代码如下：

【代码 4-5】 web.xml

```
 1 <?xmlversion="1.0"encoding="UTF-8"?>
 2 <web-appxmlns:xsi="http://www.w3.org/2001/XMLSchema-instance" xmlns="http://j2ee.sun.com/xml/ns/javaee"xsi:schemaLocation="http:// java.sun.com/xml/ns/javaeehttp://java.sun.com/xml/ns/javaee/web-app_3_0.xsd"id="WebApp_ID"version="3.0">
 3 <display-name>HStack2</display-name>
 4 <welcome-file-list>
 5 <welcome-file>index.html</welcome-file>
 6 <welcome-file>index.htm</welcome-file>
 7 <welcome-file>index.jsp</welcome-file>
 8 <welcome-file>default.html</welcome-file>
 9 <welcome-file>default.htm</welcome-file>
10 <welcome-file>default.jsp</welcome-file>
11 </welcome-file-list>
12 <!--servlet 容器启动之后，会立即创建 DispatcherServlet 实例，
13 接下来会调用该实例的 init 方法，此方法会依据 init-param 指定位置的配置文件启动 spring 容器 -->
14 <servlet>
15 <servlet-name>action</servlet-name>
16 <servlet-class>org.springframework.web.servlet.DispatcherServlet</servlet-class>
17 <init-param>
18 <param-name>contextConfigLocation</param-name>
19 <param-value>classpath:config/applicationContext.xml</param-value>
20 </init-param>
21 <load-on-startup>1</load-on-startup>
22 </servlet>
23 <!-- 允许访问以 HTML、css、js 为结尾的静态资源 -->
24 <servlet-mapping>
25 <servlet-name>default</servlet-name>
26 <url-pattern>*.html</url-pattern>
```

```
27 </servlet-mapping>
28 <servlet-mapping>
29 <servlet-name>default</servlet-name>
30 <url-pattern>*.css</url-pattern>
31 </servlet-mapping>
32 <servlet-mapping>
33 <servlet-name>default</servlet-name>
34 <url-pattern>*.js</url-pattern>
35 </servlet-mapping>
36 <servlet-mapping>
37 <servlet-name>default</servlet-name>
38 <url-pattern>*.jpg</url-pattern>
39 </servlet-mapping>
40 <servlet-mapping>
41 <servlet-name>default</servlet-name>
42 <url-pattern>*.gif</url-pattern>
43 </servlet-mapping>
44 <servlet-mapping>
45 <servlet-name>default</servlet-name>
46 <url-pattern>*.png</url-pattern>
47 </servlet-mapping>
48 <servlet-mapping>
49 <servlet-name>default</servlet-name>
50 <url-pattern>*.ico</url-pattern>
51 </servlet-mapping>
52 <servlet-mapping>
53 <servlet-name>default</servlet-name>
54 <url-pattern>*.woff</url-pattern>
55 </servlet-mapping>
56 <mime-mapping>
57 <extension>woff</extension>
58 <mime-type>application/x-font-woff</mime-type>
59 </mime-mapping>
60 <mime-mapping>
61 <extension>ttf</extension>
62 <mime-type>application/octet-stream</mime-type>
63 </mime-mapping>
64 <mime-mapping>
65 <extension>otf</extension>
66 <mime-type>application/octet-stream</mime-type>
67 </mime-mapping>
68 <!-- 可实现RESTfulAPI，但是会拦截静态文件，
69 所以上面需要使用defaultServlet来处理静态文件 -->
70 <servlet-mapping>
71 <servlet-name>action</servlet-name>
72 <url-pattern>/</url-pattern>
73 </servlet-mapping>
74    <!-- 支持GET、POST、PUT与DELETE请求，解决http PUT请求Spring无法获取请求参数的问题（Ajax）
75 <form action="..." method="post">
```

```
76<input type="hidden" name="_method" value="put" />-->
77<filter>
78<filter-name>HiddenHttpMethodFilter</filter-name>
79<filter-class>org.springframework.web.filter.HiddenHttpMethodFilter</filter-class>
80</filter>
81<filter-mapping>
82<filter-name>HiddenHttpMethodFilter</filter-name>
83<servlet-name>action</servlet-name>
84</filter-mapping>
85<!--HttpPutFormContentFilter 过滤器的作用就是获取 put 表单的值，
86 并将之传递到 Controller 中标注了 method 为 RequestMethod.put 的方法中
87 该过滤器只能接受 enctype 值为 application/x-www-form-urlencoded 的表单
88<form action="" method="put" enctype="application/x-www-form-urlencoded">  -->
89<filter>
90<filter-name>HttpMethodFilter</filter-name>
91<filter-class>org.springframework.web.filter.HttpPutFormContentFilter</filter-class>
92</filter>
93<filter-mapping>
94<filter-name>HttpMethodFilter</filter-name>
95<url-pattern>/*</url-pattern>
96</filter-mapping>
97<!-- 解决跨域问题 -->
98<filter>
99<filter-name>cors</filter-name>
100 <filter-class>com.huatec.edu.cloud.huastack.utils.SimpleCORSFilter</filter-class>
101 </filter>
102 <filter-mapping>
103 <filter-name>cors</filter-name>
104 <url-pattern>/*</url-pattern>
105 </filter-mapping>
106 <!-- 解决中文乱码问题 -->
107 <filter>
108 <filter-name>SetCharacterEncoding</filter-name>
109 <filter-class>org.springframework.web.filter.CharacterEncodingFilter</filter-class>
110 <init-param>
111 <param-name>encoding</param-name>
112 <param-value>UTF-8</param-value>
113 </init-param>
114 </filter>
115 <filter-mapping>
116 <filter-name>SetCharacterEncoding</filter-name>
117 <url-pattern>/*</url-pattern>
118 </filter-mapping>
119 120</web-app>
```

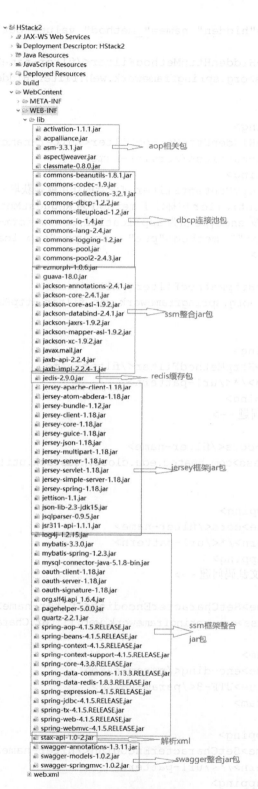

图4-29 云平台所需jar包

web.xml 文件中配置了 com.huatec.edu.cloud.huastack.utils.SimpleCORSFilter，在 com.huatec.edu.cloud.huastack.utils 包下新建 SimpleCORSFilter.java 文件解决云平台的跨域问题。

跨域就是只要前台所在的地址和请求的后台地址在域名、端口以及协议上有一个不一样就叫跨域，在进行数据交互时需要进行跨域处理；处理的方式一般有 jsonp 和 cors 两种。

HStack2 云平台采用 cors 的方式解决跨域问题，"Access-Control-Allow-Origin" "*" 表示所有网站都可以访问，具体代码如下：

【代码 4-6】 SimpleCORSFilter.java

```
@Component
public class SimpleCORSFilter implements Filter {
public void doFilter(ServletRequest req, ServletResponse res,
FilterChain chain) throws IOException, ServletException {
    HttpServletResponse response = (HttpServletResponse) res;
    HttpServletRequest request = (HttpServletRequest) req;
    response.setHeader("Access-Control-Allow-Origin","*");// 所有请求
    response.setHeader("Access-Control-Allow-Origin", request.getHeader("Origin"));//cookie 共享这个配置
    response.setHeader("Access-Control-Allow-Methods","POST, GET, OPTIONS, DELETE");
    response.setHeader("Access-Control-Max-Age","3600");
    // 请求时 header 添加信息需要在下面放入 Key，如此项目请求时 header 需要加入 Authorization：token 值，就需要在下面将 Authorization 加进去
    response.setHeader("Access-Control-Allow-Headers","Origin, No-Cache, X-Requested-With, If-Modified-Since, Pragma, Last-Modified, Cache-Control, Expires, Content-Type, X-E4M-With,userId,token,Authorization");
    response.setHeader("Access-Control-Allow-Credentials", "true");//cookie 共享
    response.setHeader("XDomainRequestAllowed","1");
    chain.doFilter(req, res);
  }
public void init(FilterConfig filterConfig) {}
public void destroy() {}
}
```

④ 测试

在 WebContent 下新建 HTML 页面将其命名为 index.html，添加内容"恭喜你环境搭建成功啦"，项目启动成功后，打开浏览器输入地址：localhost:8080/HStack2/，出现图 4-30 所示的界面证明环境搭建成功。

图 4-30　测试环境搭建

【知识链接】 EclIPse 开发中常用的快捷键

1. Ctrl+Shift+r：打开资源

该快捷键组合可以帮用户快速打开文件，并且支持模糊匹配，如 applica*.xml，如图 4-31 所示。但美中不足的是这组快捷键并非在所有视图下都能用。

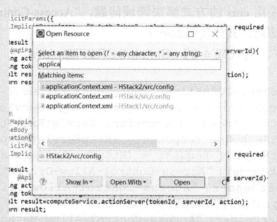

图4-31　快捷键截图1

2. Ctrl+o：快速 outline

该组合键可以查看当前类的方法或某个特定方法，它可以列出当前类中的所有方法及属性，用户只需输入想要查询的方法名，再单击 enter 就能够直接定位查询的方法，如图 4-32 所示。

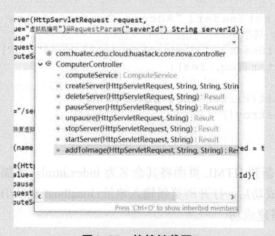

图4-32　快捷键截图2

4.2.2　OpenStack相关数据封装

本节介绍云平台开发前的准备工作，包括对 OpenStack 相关数据进行封装以及数据库同步的问题。首先获取 adminToken，其用于调用 OpenStack API，例如：只有 admin 管理员权限才能注册用户，这样我们就需要获取 adminToken 用以请求 OpenStack 创建用户的 API。为了提高查询效率，云平台中很多数据都是从本地数据库中请求得来的，例如：在 4.1.1 中用户模块数据库表 tenant 就需要同步 OpenStack 数据库，这样在获取 admin 的 tenantId 时就可以直接从本地数据库进行查询。

1. 获取 adminToken

（1）构建 URL

4.2.1 节中介绍了 API.properties 里存储的内容为 OpenStack 各组件的端口号信息，因为 OpenStack 的组件有很多，HStack 项目开发时需要获取端口号信息用于请求 OpenStack，并把端口号信息写到配置文件中，然后通过 Java 代码的方式创建 APIModel 类和 APIUtil 工具类，用于获取 API.properties 文件中的 API 信息，根据获取的 API 信息构建 URL 请求 OpenStack，调用 OpenStack API。还可以灵活地在配置文件中添加需要的组件信息。

具体实现方式如下。

① 在 com.huatec.edu.cloud.huastack.utils 包下新建一个 APIModel 类（文件名：APIModel.java），APIModel 里存储 OpenStack 各组件的端口号信息，具体代码如下，OpenStack 主要分为以下各组件。

- Serverip：OpenStack 服务器的 IP 地址。
- TokenAPI：token 端口号信息。
- KeystoneAPI：Keystone 身份认证组件端口号信息。
- NovaAPI：Nova 虚拟机实例组件端口号信息。
- GlanceAPI：Glance 镜像组件端口号信息。
- NeutronAPI：Neutron 网络组件端口号信息。
- CinderAPI：Cinder 卷组件端口号信息。

【代码 4-7】 APIModel.java

```
1 public class APIModel implements Serializable {
2 private String serverIp;
3 private String tokenAPI;
4 private String keystoneAPI;
5 private String novaAPI;
6 private String glanceAPI;
7 private String neutronAPI;
8 private String cinderAPI;
9 // 提供 get, set 方法
10 public String getServerIp() {
11 return serverIp;
12 }
13 public void setServerIp(String serverIp) {
14 this.serverIP = serverIp;
15 }
16 注意：其他 get、et 方法略
```

```
17 //tostring方法
18 public String toString() {
19 return"APIModel [serverIp=" + serverIp +", tokenAPI=" + tokenAPI +", keystoneAPI=" + keystoneAPI
20 +", novaAPI=" + novaAPI +", glanceAPI=" + glanceAPI +", neutronAPI=" + neutronAPI +", cinderAPI="
21 + cinderAPI +"]";
22 }
23 }
```

② 在 com.huatec.edu.cloud.huastack.utils 包下新建一个工具类 APIUtil（文件名：APIUtil.java），APIUtil 工具类用于获取每个组件的端口号信息，具体代码如下：

【代码 4-8】 APIUtil.java

```
1  public class APIUtil {
2  private static String serverIp;
3  private static String tokenPort;
4  private static String keystonePort;
5  private static String novaPort;
6  private static String glancePort;
7  private static String neutronPort;
8  private static String cinderPort;
9  public static APIModel getAPI(){
10 APIModel API=new APIModel();
11 try {
12 Properties prop=new Properties();
13 InputStream is=APIUtil.class.getClassLoader().getResourceAsStream("config/API.properties");
14 prop.load(is);
15 serverIp=prop.getProperty("IP");
16 tokenPort=prop.getProperty("token_port");
17 keystonePort=prop.getProperty("keystone_port");
18 novaPort=prop.getProperty("nova_port");
19 glancePort=prop.getProperty("glance_port");
20 neutronPort=prop.getProperty("neutron_port");
21 cinderPort=prop.getProperty("cinder_port");
22
23 String tokenAPI=serverIp+tokenPort;
24 String keystoneAPI=serverIp+keystonePort;
25 String novaAPI=serverIp+novaPort;
26 String glanceAPI=serverIp+glancePort;
27 String neutronAPI=serverIp+neutronPort;
28 String cinderAPI=serverIp+cinderPort;
29
30 API.setServerIp(serverIp);
31 API.setTokenAPI(tokenAPI);
32 API.setKeystoneAPI(keystoneAPI);
33 API.setNovaAPI(novaAPI);
34 API.setGlanceAPI(glanceAPI);
35 API.setNeutronAPI(neutronAPI);
```

```
36 API.setCinderAPI(cinderAPI);
37 } catch (IOException e) {
38 e.printStackTrace();
39 System.out.println("加载配置文件失败 "+e);
40 }
41 return API;
42 }
43 }
```

③ 在 com.huatec.edu.cloud.huastack.core.nova.test.param 包下新建一个测试类 TestToken（文件名：TestToken.java），采用 Junit 进行单元测试，具体代码如下：

【代码 4-9】 TestToken.java

```
1 @Test
2 public void test1(){
3 String tokenAPI=APIUtil.getAPI().getTokenAPI()+"/tokens";
4 System.out.println(tokenAPI);
5 }
```

控制台输出结果如图 4-33 所示。

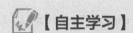

图 4-33　测试结果

> 【自主学习】
>
> 自主学习 Junit 的基本使用。

（2）获取 adminToken

我们回顾 2.2.1 节中 Token API 的介绍，获取 adminToken 需要分为以下三个步骤。

① 第一步：构建请求参数请求 OpenStack，根据 OpenStack 返回响应解析获取令牌 TokenId。

② 第二步：携带第一步获取的令牌 TokenId，请求 OpenStack 解析获取 TenantId。

③ 第三步：携带 TenantId 请求 OpenStack，解析响应获取 admin 项目下的令牌 TokenId，就是最终获取的 adminToken。

具体实现方式如下。

1）构建请求参数

获取令牌 TokenId 请求参数示例：{"auth":{"passwordCredentials":{"username": "admin","password": "admin"}}}。

OpenStack 请求示例为 JSON 格式，需要构建与 OpenStack 相同格式的 JSON 才可以正确请求 OpenStack，OpenStack 会返回响应参数，解析返回响应并获取 adminToken。

首先在 com.huatec.edu.cloud.huastack.core.nova.model.param.token 包下新建类

PasswordCredentials、Auth1、ParamToken1（文件名：PasswordCredentials.java、Auth1.java、ParamToken1.java）用于构建请求参数，具体代码如下：

【代码 4-10】 PasswordCredentials.java

```
1  public class PasswordCredentials implements Serializable {
2  private String username;
3  private String password;
4  public String getUsername() {
5  return username;
6  }
7  public void setUsername(String username) {
8  this.username = username;
9  }
10 // 其他 get、set 方法略
11 public String toString() {
12 return "passwordCredentials [username=" + username + ", password=" + password + "]";
13 }
14 }
```

【代码 4-11】 Auth1.java

```
1  // 获取第一层 token
2  public class Auth1 implements Serializable {
3  private PasswordCredentials passwordCredentials;
4  public PasswordCredentials getPasswordCredentials() {
5  return passwordCredentials;
6  }
7  public void setPasswordCredentials(PasswordCredentials passwordCredentials) {
8  this.passwordCredentials = passwordCredentials;
9  }
10 public String toString() {
11 return "Auth [passwordCredentials=" + passwordCredentials + "]";
12 }
13 }
```

【代码 4-12】 ParamToken1.java

```
1  public class ParamToken1 implements Serializable {
2  private Auth1 auth;
3  public Auth1 getAuth() {
4  return auth;
5  }
6  public void setAuth(Auth1 auth) {
7  this.auth = auth;
8  }
9  public String toString() {
10 return "ParamToken1 [auth=" + auth + "]";
11 }
12 }
```

在 com.huatec.edu.cloud.huastack.core.nova.test.param 包下新建一个测试类 TestToken（文件名：TestToken.java），用于查看构建的请求参数是否正确，具体代码如下：

【代码4-13】　TestToken.java

```
1  @Test
2  public void test2(){
3  PasswordCredentials passwordCredentials=new PasswordCredentials();
4  passwordCredentials.setUsername("admin");
5  passwordCredentials.setPassword("admin");
6  Auth1 auth=new Auth1();
7  auth.setPasswordCredentials(passwordCredentials);
8  ParamToken1 pt=new ParamToken1();
9  pt.setAuth(auth);
10 System.out.println(pt);
11 JSONObject jpt=JSONObject.fromObject(pt);// 转成 JSON 格式
12 System.out.println(jpt);
13 }
```

控制台输出结果如图 4-34 所示。

图4-34　控制台输出

【做一做】

构建请求参数获取 admin 项目下的令牌 TokenId，请求示例如下：

{"auth":{"passwordCredentials":{"username":"admin","password":"admin"},"tenantId":"ab28580a6f6e4f02b66ce25885e0e9b1"}}，编写测试类并进行测试。

（温馨提示：我们必须要构建此请求参数，否则下面开发代码时无法进行正确操作）

2）解析响应信息

在 com.huatec.edu.cloud.huastack.utils 包下创建 ResponseUtil 工具类，该工具类用于解析 OpenStack，并返回响应信息，最终获取 TokenId 和 UserId 用于构建结果集 Token1（Token1 在后面会有介绍）。

① 解析获取令牌 TokenId

首先解析获取第一步的 OpenStack 令牌 tokenId，OpenStack 返回的响应格式具体代码如下：需要获取 "access" 下的 "token" 里面的 "id"。

【代码 4-14】 Openstack Response

```
1  {
2    "access": {
3      "token": {
4        "issued_at": "2018-05-30T02:12:52.000000Z",
5        "expires": "2018-05-30T03:12:52Z",
6        "id": "gAAAAABbDgikAT9yXkhddPomY45JXlrJz6-SB7Hhx1xsUU2L-moC3n_rrsxiItaqFnAc9qRTuODNIGrRXYVUzKC4VIRlpj4lpH7ysvRRBCGQmroTZHlUfNe_6au8daNaBm3EjUSwV2GYUEfN6oKYSBCM29lF1Yw6iw",
7        "audit_ids": [
8          "S9X82iCTTOufCFGijHTtJw"
9        ]
10     },
11     "serviceCatalog": [],
12     "user": {
13       "username": "admin",
14       "roles_links": [],
15       "id": "62109fec9c0145b1a5ec2c1a95ff70ae",
16       "roles": [],
17       "name": "admin"
18     },
19     "metadata": {
20       "is_admin": 0,
21       "roles": []
22     }
23   }
24 }
```

解析具体代码如下：

【代码 4-15】 ResponseUtil.java

```
1  public class ResponseUtil {
2  // 解析响应（获取 Token 的 API）回来的嵌套 JSON，获得 TokenId
3  public static String getTokenIdFromResultJson(String response){
4  JSONObject resultJson=JSONObject.fromObject(response);
5  String access=resultJson.getString("access");
6  JSONObject accessJson=JSONObject.fromObject(access);
7  String token=accessJson.getString("token");
8  JSONObject tokenJson=JSONObject.fromObject(token);
9  String tokenId=tokenJson.getString("id");
10 return tokenId;
11 }
12 }
```

② 获取 TenantId 后直接在 UserUtil 工具类里进行解析。

③ 获取 UserId，OpenStack 返回的响应格式如代码 OpenStack 返回响应。需要获取"access"下，"user"里面的"id"。

解析具体代码如下：

【代码 4-16】 ResponseUtil.java

```
1  // 解析响应（获取 Token 的 API）回来的嵌套 JSON，获得 UserId
```

```
2  public static String getUserIdFromResultJson(String response){
3  JSONObject resultJson=JSONObject.fromObject(response);
4  String access=resultJson.getString("access");
5  JSONObject accessJson=JSONObject.fromObject(access);
6  String user=accessJson.getString("user");
7  JSONObject userJson=JSONObject.fromObject(user);
8  String userId=userJson.getString("id");
9  return userId;
10 }
```

3）创建 UserUtil 工具类获取 adminToken

① 获取 adminToken 信息。

在 com.huatec.edu.cloud.huastack.utils 包下新建一个工具类 UserUtil（文件名：UserUtil.java），UserUtil 工具类是获取 adminToken 的工具类。在编写 UserUtil.java 之前先在 com.huatec.edu.cloud.huastack.core.nova.model.response.token 包下新建 Token1，Token1 用于封装获取第一层的 token 响应信息（文件名：Token1.java），具体代码如下：

【代码 4-17】 Token1.java

```
1  public class Token1 implements Serializable {
2  private String tokenId;
3  private String userId;
4  private String username;
5  public String getTokenId() {
6  return tokenId;
7  }
8  public void setTokenId(String tokenId) {
9  this.tokenId = tokenId;
10 }
11 // 其他 get.set 方法略
12 public String toString() {
13 return "Token1 [tokenId=" + tokenId + ", userId=" + userId + ", username=" + username + "]";
14 }
15 }
```

② 在 com.huatec.edu.cloud.huastack.utils 包下新建一个工具类 UserUtil（文件名：UserUtil.java）获取 adminToken，具体代码如下：

【代码 4-18】 UserUtil.java

```
1  public class UserUtil {
2  ①// 获取第一层 token
3  public static Token1 getToken1(String username,String password){
4  System.out.println("获取第一层 token");
5  Client client=Client.create();
6  //http://IP:5000/v2.0/tokens
7  WebResource webResource=client.resource(APIUtil.getAPI().getTokenAPI()+"/tokens");
8  // 构建请求参数
9  PasswordCredentials passwordCredentials=new PasswordCredentials();
```

```
10 passwordCredentials.setUsername(username);
11 passwordCredentials.setPassword(password);
12 Auth1 auth=new Auth1();
13 auth.setPasswordCredentials(passwordCredentials);
14 ParamToken1 paramToken=new ParamToken1();
15 paramToken.setAuth(auth);
16 JSONObject jsonParamToken=JSONObject.fromObject(paramToken);
17 System.out.println("1层参数 "+jsonParamToken);
18 //传参,调用OpenStack的post请求
19 String response=webResource.entity(jsonParamToken.toString()).
20 type(MediaType.APPLICATION_JSON).post(String.class);
21 System.out.println("1层请求的响应 "+response);
22 //获取tokenId
23 String tokenId=ResponseUtil.getTokenIdFromResultJson(response);
24 //获取userId
25 String userId=ResponseUtil.getUserIdFromResultJson(response);
26 //构建结果集
27 Token1 token=new Token1();
28 token.setTokenId(tokenId);
29 token.setUserId(userId);
30 token.setUsername(username);
31 return token;
32 }
33 ② //根据Token获取Tenant信息
34 public static Map getTenant(String tokenId) {
35 Client client=Client.create();
36 //http://IP:5000/v2.0/tenants
37 WebResource  webResource=client.resource(APIUtil.getAPI().
getTokenAPI()+"/tenants");
38 String response = webResource.
39 header("X-Auth-Token", tokenId).get(String.class);
40 System.out.println("2层请求的响应 "+response);
41 JSONObject tenantJson=JSONObject.fromObject(response);
42 String tenantValue=tenantJson.getString("tenants");
43 //解析JSON数组
44 String tenantId="";
45 String tenantName="";
46 try {
47 JSONArray jsonArray=new JSONArray(tenantValue);
48 for(int i=0;i<jsonArray.length();i++){
49 org.codehaus.jettison.json.JSONObject object=jsonArray.
getJSONObject(i);
50 if("admin".equals(object.getString("name"))){
51 tenantId=object.getString("id");
52 tenantName=object.getString("name");
53 System.out.println("tenantId:"+tenantId);
54 System.out.println("tenantName:"+tenantName);
55 }
56 }
```

```
57 } catch (JSONException e) {
58 e.printStackTrace();
59 }
60 Map<String,Object> map=new HashMap<String,Object>();
61 map.put("tenantId", tenantId);
62 map.put("tenantName", tenantName);
63 return map;
64 }
65 ③ // 根据 1 层 token 和 tenantId 获得二层 token
66 public static String getTenantToken(String tokenId,String tenantId,
67 String username,String password){
68 Client client=Client.create();
69 WebResource webResource=client.resource(APIUtil.getAPI().getTokenAPI()+"/tokens");
70 // 构建请求参数
71 PasswordCredentials passwordCredentials=new PasswordCredentials();
72 passwordCredentials.setUsername(username);
73 passwordCredentials.setPassword(password);
74 Auth2 auth=new Auth2();
75 auth.setPasswordCredentials(passwordCredentials);
76 auth.setTenantId(tenantId);
77 ParamToken2 paramToken=new ParamToken2();
78 paramToken.setAuth(auth);
79 JSONObject jsonParamToken=JSONObject.fromObject(paramToken);
80 System.out.println("3 层参数 "+jsonParamToken);
81 // 传参，调用 OpenStack 的 post 请求
82 String response=webResource.entity(jsonParamToken.toString()).
83 type(MediaType.APPLICATION_JSON).post(String.class);
84 System.out.println("3 层请求的响应 "+response);
85 // 获取 tenantTokenId
86 String tenantTokenId=ResponseUtil.getTokenIdFromResultJson(response);
87 return tenantTokenId;
88 }
89 ④ // 获取 admin 的 Token
90 public static Map getAdminToken(String adminPwd){
91 // 获取第一层 token
92 Token1 token=UserUtil.getToken1("admin", adminPwd);
93 String tokenId=token.getTokenId();
94 // 获取 tenant
95 Map map=UserUtil.getTenant(tokenId);
96 String tenantId=map.get("tenantId").toString();
97 // 获取 admin 项目的 token
98 String adminTokenId=UserUtil.getTenantToken(tokenId, tenantId, "admin", adminPwd);
99 Map<String,Object> returnMap=new HashMap<String,Object>();
100 returnMap.put("tenantId", tenantId);
101 returnMap.put("adminTokenId", adminTokenId);
102 return returnMap;
```

```
103 }
104 }
```

在 UserUtil.java 里编写 main 方法进行测试，具体代码如下：

【代码 4-19】 UserUtil.java

```
1 public static void main(String[] args) {
2   Map map=UserUtil.getAdminToken("admin");
3   String adminToken=map.get("adminTokenId").toString();
4   System.out.println("adminToken:"+adminToken);
5 }
```

测试结果如图 4-35 所示。

图4-35　获取admin Token测试结果

🔒 【知识链接】　Eclipse 开发中常用的快捷键

1. Ctrl+e：快速转换编辑器

该组合键可以在编辑框中切换页签，尤其是在多个文件同时打开的情况下，切换效率更加突出。

2. Alt+Shift+r：重命名

该组合键可以对属性方法等进行重命名。

3. Alt+Shift+l 以及 Alt+Shift+m：提取本地变量及方法

该组合键可以提取变量和方法。比如，用户要从一个 string 创建一个常量，那么就选定文本并按下"Alt+Shift+l"即可。如果同一个 string 在同一类中的别处出现，它会被自动替换。

---

2. 初始化本地数据库表 User

初始化本地数据库表，其主要目的是：①本地数据库的表要同 OpenStack 数据库表保持一致；②方便查询本地数据，不用调用 OpenStack API。

例如：用户表 User，因为 OpenStack 在创建项目时会创建每个组件默认的用户名 admin、glance、nova、neutron、cinder、trove 等，所以 HStack 云平台不可重复创建各组件的用户名，否则会同 OpenStack 冲突。本地数据库表与 OpenStack 数据库表同步后（后台在编写注册用户逻辑代码时，会校验用户名是否重复注册），在初始化用户表时就可以直接查询本地数据表 User 解决各组件可以解决组件用户名重复的问题，不用调用 OpenStack API 查询 OpenStack 数据库表了。

具体实现方式如下。

（1）定义清空表 truncateTable 的方法，实现 Dao 层

① 在 TableSqlMap.xml（com.huatec.edu.cloud.huastack.core.table.sql 包下）中添加 truncateTable 方法的 SQL 语句，具体代码如下：

【代码 4-20】 truncateTable.xml

```
1  <!-- 清空表 -->
2  <update id="truncateTable">
3  truncate table ${tableName}
4  </update>
```

② 在 TableDao 接口中添加方法的定义，具体代码如下：

【代码 4-21】 truncateTable.xml

```
1    int truncateTable(@Param("tableName") String tableName);
```

③ 在 TestTabledao 中测试，测试具体代码如下：

【代码 4-22】 TestTableDao.java

```
1  String conf="config/applicationContext.xml";
2  ApplicationContext ac=new ClassPathXmlApplicationContext(conf);
3  TableDao tableDao=ac.getBean("tableDao",TableDao.class);
4  @Test
5  public void test(){
6  String tableName="hs_user";
7  int res=tableDao.truncateTable(tableName);
8  System.out.println(res);
9  }
```

控制台输出结果如图 4-36 所示。

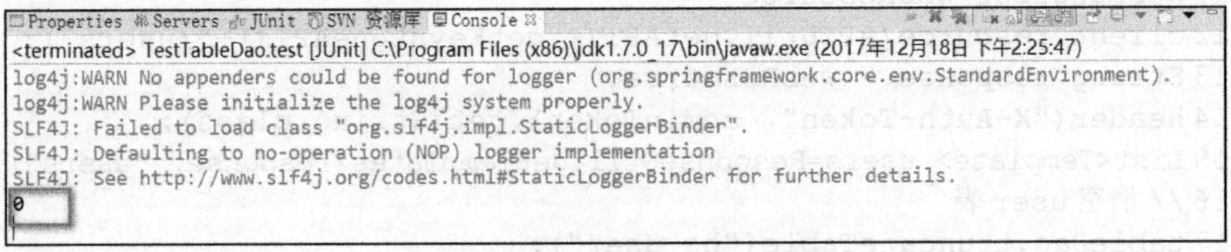

图4-36　清空表测试Dao层结果

（2）实现 Service 层

① 在 com.huatec.edu.cloud.huastack.utils 包下新建一个工具类 HSUtil，获取配置文件 admin.properties 中管理员用户的密码（文件名：HSUtil.java），具体代码如下：

【代码 4-23】 HSUtil.java

```
1  // 获取 admin.properties 中的 admin 密码
```

```
 2 public static String getAdminPwd(){
 3 String adminPwd="";
 4 try {
 5 Properties prop=new Properties();
 6 InputStream is=HSUtil.class.getClassLoader().getResourceAsStream
("config/admin.properties");
 7 prop.load(is);
 8 adminPwd=prop.getProperty("admin_pwd");
 9 } catch (IOException e) {
10 e.printStackTrace();
11 System.out.println("加载配置文件失败 "+e);
12 }
13 return adminPwd;
14 }
```

② 在 com.huatec.edu.cloud.huastack.core.table.service 包下新建一个接口 TableInitService，具体代码如下：

【代码 4-24】 TableInitService.java

```
 1  Result initTableUser();
```

③ 在 com.huatec.edu.cloud.huastack.core.table.service 包下新建一个类 TableInitServiceImpl，并让其实现 TableInitService 接口，具体代码如下：

【代码 4-25】 TableInitServiceImpl.java

```
 1 public Result initTableUser() {
 2 Result result=new Result();
 3 // 获取 admin 下的 token
 4 String adminPwd=HSUtil.getAdminPwd();
 5 Map map=UserUtil.getAdminToken(adminPwd);
 6 String adminToken=map.get("adminTokenId").toString();
 7 String projectId=map.get("tenantId").toString();
 8 // 构建 jersey 客户端
 9 Client client=Client.create();
10 // http://IP:5000/v3/users get
11 WebResource webResource=
12 client.resource(APIUtil.getAPI().getKeystoneAPI()+"/users");
13 String response = webResource.
14 header("X-Auth-Token", adminToken).get(String.class);
15 List<Template> users=ResponseUtil.getTemplates(response, "users");
16 // 清空 user 表
17 tableDao.truncateTable("hs_user");
18 for(Template t:users){
19 User user=new User();
20 user.setUser_id(t.getId());
21 user.setName(t.getName());
22 user.setProject_id(projectId);
23 user.setDomain("default");
24 user.setCreatime(null);
25 user.setPassword("");
26 userDao.save(user);// 保存 user 表
```

```
27 }
28 result.setStatus(0);
29 result.setMsg("初始化本地 user 表成功");
30 return result;
31 }
```

④ 在 com.huatec.edu.cloud.huastack.core.table.test.TestTableService 包下新建一个测试类 TestTableService，在此类中对 "初始化 user 表" 的方法进行测试，测试具体代码如下：

【代码 4-26】 TestTableService.java

```
1 String conf="config/applicationContext.xml";//initTableUser 方法的测试
2 ApplicationContext ac=new ClassPathXmlApplicationContext(conf);
3 TableInitService tableInitService=ac.getBean("tableInitService
Impl",TableInitService.class);
4 @Test
5 public void test(){
6 Result result=tableInitService.initTableUser();
7     System.out.println(result);
8 }
```

控制台输出结果如图 4-37 所示。

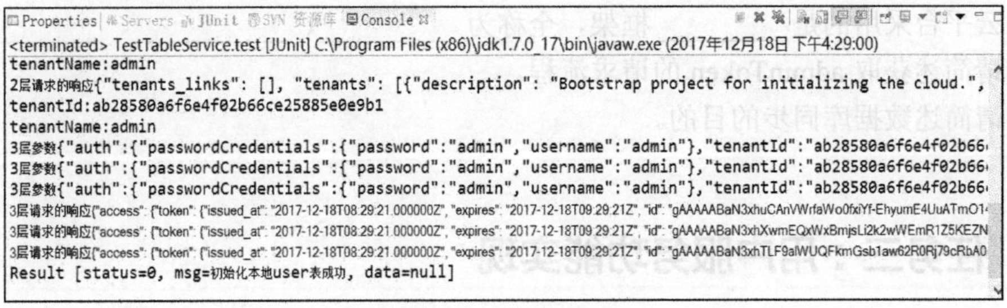

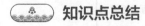

图 4-37 初始化 user 表

【做一做】

初始化 user 表已经完成，请同学们自行完成 4.1.2 数据库分析中租户 tenant 数据库表的初始化。

4.2.3 任务回顾

知识点总结

1. 新建 Web 项目，环境搭建的步骤。
2. 云平台创建包，规划包结构。

3. 获取 AdminToken 的请求流程。

4. 初始化本地数据库并与 OpenStack 数据库同步。

学习足迹

任务二学习足迹，如图 4-38 所示。

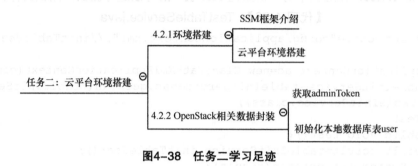

图 4-38　任务二学习足迹

思考与练习

1. 云平台采用的是 _____ 框架，全称为 _____、_____、_____。
2. 请简述获取 adminToken 的请求流程。
3. 请简述数据库同步的目的。

4.3　任务三：用户服务功能实现

【任务描述】

任务二中的云平台环境搭建已经完成了，任务三主要学习用户模块注册和登录功能的具体实现，业务流程如图 4-39 所示。

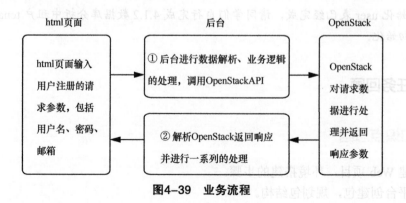

图 4-39　业务流程

4.3.1 用户注册功能的实现

在具体实现后台功能前，我们需要了解 Java 后台开发的流程，首先编写实体类用于存放和传输数据对象，定义 SQL 语句用于对数据库的操作，顺序依次是定义 Dao 层方法、Service 业务逻辑层和 Controller 控制层，下面分别介绍每层的主要工作内容。

Dao 层：Dao 层主要负责联络数据库，DAO 接口在 Spring 的配置文件中定义其实现类，然后我们就可以在模块中调用此接口来处理业务，而不用关心此接口的具体是哪个实现类，结构比较清晰。Dao 层的数据源配置和数据库连接的参数是在 Spring 配置文件中进行配置的。

Service 层：Service 层主要负责设计业务逻辑，首先设计 Service 层接口，然后将 bean 的实例化交给 Spring 管理（如通过 Spring 配置文件配置），最后可以通过 bean 注义的方式调用 Service 接口的方法进行业务处理。Service 层是具体业务逻辑的实现。

Controller 层：Controller 层负责控制具体的业务模块流程，此层要调用 Service 层的接口来控制业务流程，控制的配置信息同样也是在 Spring 的配置文件里。

1. 用户注册 API 分析

根据数据表编写实体类，需遵循以下原则：

① 实现序列化 Serializable 接口；
② 属性类型统一采用封装类型（例如：int 采用 Integer，避免空值时报错）；
③ 属性名称与数据表中的字段名称一致（注：此点仅限于 Mybatis）；
④ 为每个实体类生成 get、set 和 toString 方法。

接下来，我们以 user 表为例来写用户实体类，首先可以使用 desc 命令去数据库中查看用户表的结构，结果如图 4-40 所示。

```
mysql> desc hs_user;
+------------+--------------+------+-----+-------------------+-------+
| Field      | Type         | Null | Key | Default           | Extra |
+------------+--------------+------+-----+-------------------+-------+
| user_id    | varchar(255) | NO   | PRI | NULL              |       |
| name       | varchar(50)  | YES  |     | NULL              |       |
| password   | varchar(255) | YES  |     | NULL              |       |
| project_id | varchar(255) | YES  |     | NULL              |       |
| domain     | varchar(50)  | YES  |     | NULL              |       |
| creatime   | timestamp    | NO   |     | CURRENT_TIMESTAMP |       |
| email      | varchar(255) | YES  |     | NULL              |       |
+------------+--------------+------+-----+-------------------+-------+
7 rows in set
```

图4-40 用户表结构

在 com.huatec.edu.cloud.huastack.core.nova.entity 包下新建一个实体类 User（文件名：User.java），具体代码如下：

【代码 4-27】 User.java

```
1 public class User implements Serializable{
2 private String name;//用户名
3 private String user_id;//用户id
```

```java
4  private String password;// 密码
5  private String email;// 邮箱
6  private String project_id;// 项目 id
7  private String domain;// 域名
8  private Timestamp creatime;// 创建时间
9  public String getName() {
10 return name;
11 }
12 public void setName(String name) {
13 this.name = name;
14 }
15 注意：其他 get、set 方法略
16 //toStirng 方法
17 public String toString() {
18 return "User [name=" + name + ", user_id=" + user_id + ", password="
19 + password + ", email=" + email + ", project_id=" + project_id
20 + ", domain=" + domain + ", creatime=" + creatime + "]";
21 }
22 }
```

在 com.huatec.edu.cloud.huastack.utils 包下编写一个 Result 类用来存放结果信息，Result 类主要包括 status、msg、data 三个字段，status 状态码中 0 代表成功、1 代表失败；msg 消息是用以返回前台的提示信息的。data 数据是用以返回前台数据的，一般前台需要什么数据后台直接进行定义并返回，具体代码如下：

【代码 4-28】 Result.java

```java
1  public class Result implements Serializable {
2  private int status;// 状态，成功:0, 失败:1
3  private String msg;// 消息
4  private Object data;// 数据
5  //get、set 方法
6  public int getStatus() {
7  return status;
8  }
9  public void setStatus(int status) {
10 this.status = status;
11 }
12 // 其他的 get, set 方法略
13 //toString 方法
14 public String toString() {
15 return "Result [status=" + status + ", msg=" + msg + ", data=" + data + "]";
16 }
```

2. 实现用户注册 Service 层

Service 层主要功能是处理业务逻辑并调用 Dao 层接口并操作数据库，Service 层首先需要在 com.huatec.edu.cloud.huastack.core.nova 包下新建一个 Service 包，Service 层的接口和实现类都被放在此包中。

项目4 云平台用户服务功能开发

在具体实现 Service 层前，我们先回顾 4.1.1 节中对"注册用户"的分析，图 4-41 所示为"注册用户"的请求流程。

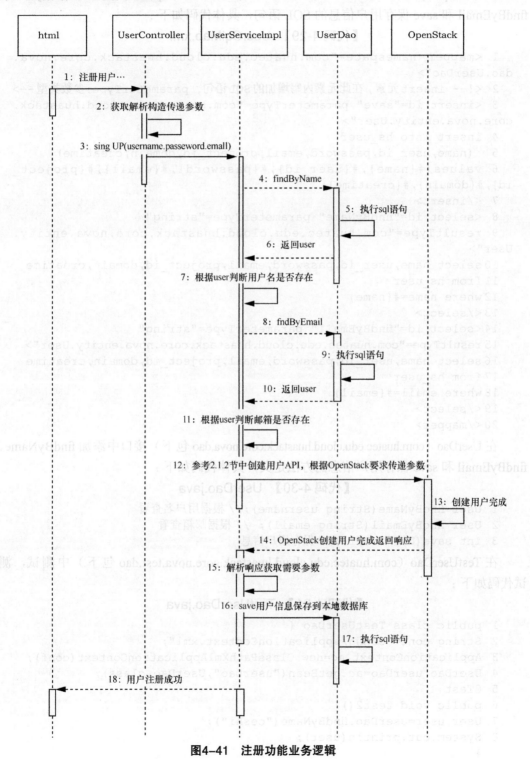

图4-41 注册功能业务逻辑

143

（1）定义 findByName 和 findByEmail 方法

在 UserSqlMap.xml（com.huatec.edu.cloud.huastack.core.nova.sql 包下）中添加 findByName、findByEmail 和 save 保存用户信息的 SQL 语句，具体代码如下：

【代码 4-29】 UserSqlMap.xml

```xml
1 <mapper namespace="com.huatec.edu.cloud.huastack.core.nova.dao.UserDao">
2 <!-- insert元素,在此元素内写增加的SQL语句,parameterType:参数类型-->
3 <insert id="save" parameterType="com.huatec.edu.cloud.huastack.core.nova.entity.User">
4 insert into hs_user
5   (name,user_id,password,email,project_id,domain,creatime)
6 values(#{name},#{user_id},#{password},#{email},#{project_id},#{domain},#{creatime})
7 </insert>
8 <select id="findByName" parameterType="string"
9 resultType="com.huatec.edu.cloud.huastack.core.nova.entity.User">
10 select name,user_id,password,email,project_id,domain,creatime
11 from hs_user
12 where name=#{name}
13 </select>
14 <select id="findByEmail" parameterType="string"
15 resultType="com.huatec.edu.cloud.huastack.core.nova.entity.User">
16 select name,user_id,password,email,project_id,domain,creatime
17 from hs_user
18 where email=#{email}
19 </select>
20 </mapper>
```

在 UserDao（com.huatec.edu.cloud.huastack.core.nova.dao 包下）接口中添加 findByName、findByEmail 和 save 保存用户信息的方法定义，具体代码如下：

【代码 4-30】 UserDao.java

```java
1 User findByName(String username);// 根据用户名查看
2 User findByEmail(String email);  // 根据邮箱查看
3 int save(User user);// 保存用户信息
```

在 TestUserDao（com.huatec.edu.cloud.huastack.core.nova.test.dao 包下）中测试，测试代码如下：

【代码 4-31】 TestUserDao.java

```java
1 public class TestUserDao {
2 String conf="config/applicationContext.xml";
3 ApplicationContext ac=new ClassPathXmlApplicationContext(conf);
4 UserDao userDao=ac.getBean("userDao",UserDao.class);
5 @Test
6 public void test2(){
7 User user=userDao.findByName("ceshi");
8 System.out.println(user);
9 }
```

```
10 }
```

控制台输出结果如图 4-42 所示，此用户已存在，Dao 接口测试成功。Email 验证邮箱和保存用户信息自行测试。

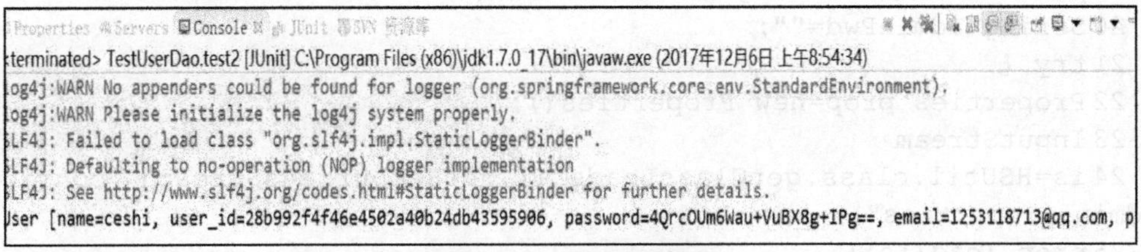

```
<terminated> TestUserDao.test2 [JUnit] C:\Program Files (x86)\jdk1.7.0_17\bin\javaw.exe (2017年12月6日 上午8:54:34)
log4j:WARN No appenders could be found for logger (org.springframework.core.env.StandardEnvironment).
log4j:WARN Please initialize the log4j system properly.
SLF4J: Failed to load class "org.slf4j.impl.StaticLoggerBinder".
SLF4J: Defaulting to no-operation (NOP) logger implementation
SLF4J: See http://www.slf4j.org/codes.html#StaticLoggerBinder for further details.
User [name=ceshi, user_id=28b992f4f46e4502a40b24db43595906, password=4QrcOUm6Wau+VuBX8g+IPg==, email=1253118713@qq.com, p
```

图 4-42 验证邮箱测试

【知识链接】

　　Junit 是一个 Java 语言的单元测试框架，Junit 是由 Erich Gamma 和 Kent Beck 编写的一个回归测试框架（regression testing framework）。Junit 测试是程序员测试，即白盒测试，因为程序员知道被测试的软件如何（How）完成功能和完成什么样（What）的功能。Junit 是一套框架，继承 TestCase 类后就可以用 Junit 进行自动测试了。

（2）MD5 方法的实现

　　MD5（Message-Digest Algorithm 5，消息摘要算法 5），它是由 MD2、MD3、MD4 演变过来的，是一种单向加密算法，是不可逆的一种加密方式。用户在注册时，系统采用 MD5 的方式对用户密码进行加密。

　　在 com.huatec.edu.cloud.huastack.utils 包下新建一个类 HSUtil，在此类中编写 MD5 方法，并在此类中增加获取 admin.properties 配置文件中 admin 管理员用户的密码。

　　MD5 加密方法具体代码如下：

【代码 4-32】 HSUtil.java

```
1  public class HSUtil {
2  // 使用 md5 加密算法
3  public static String md5(String msg){
4  // 摘要算法，将不同长度的字符串转换为等长的，不可逆
5  try {
6  MessageDigest md=MessageDigest.getInstance("MD5");
7  byte[] input=msg.getBytes();//input 需要加密的信息
8  byte[] output=md.digest(input);//output 加密过的信息
9  // 将 md5 处理后的 output 结果转成字符串
10 // 利用 Base64 算法转成字符串
11 String str=Base64.encodeBase64String(output);
12 return str;
13 } catch (NoSuchAlgorithmException e) {
14 System.out.println("密码加密失败");
```

```
15 return"";
16 }
17 }
18 // 获取admin.properties中的admin密码
19 public static String getAdminPwd(){
20 String adminPwd="";
21 try {
22 Properties prop=new Properties();
23 InputStream
24 is=HSUtil.class.getClassLoader().getResourceAsStream("config/
admin.properties");
25 prop.load(is);
26 adminPwd=prop.getProperty("admin_pwd");
27 } catch (IOException e) {
28 e.printStackTrace();
29 System.out.println("加载配置文件失败 "+e);
30 }
31 return adminPwd;
32 }
33 }
```

注意：使用Base64算法需要添加commons-codec-1.9.jar。

（3）构建创建用户请求参数

参考2.2.2节中对用户API的分析，构建创建用户的请求参数。

在com.huatec.edu.cloud.huastack.core.nova.model.param.user包下新建UserCreate，ParamUserCreate用于构建创建用户的请求参数，具体代码如下：

【代码4-33】 UserCreate.java

```
1 public class UserCreate {
2 private String default_project_id;
3 private String domain_id;
4 private boolean enabled;
5 private String name;
6 private String password;
7 public String getDefault_project_id() {
8 return default_project_id;
9 }
10 public void setDefault_project_id(String default_project_id) {
11 this.default_project_id = default_project_id;
12 }
13 // 其他get, set和tostring方法省略
14 }
```

具体代码如下：

【代码4-34】 ParamUserCreate.java

```
1 public class ParamUserCreate implements Serializable {
2 private UserCreate user;
3 public UserCreate getUser() {
4 return user;
```

```
 5 }
 6 public void setUser(UserCreate user) {
 7 this.user = user;
 8 }
 9 public String toString() {
10 return"ParamUserCreate [user=" + user +"]";
11 }
12 }
```

在 com.huatec.edu.cloud.huastack.core.nova.test.param 包下创建测试类 TestUser，具体代码如下：

【代码 4-35】 TestUser.java

```
 1 public class TestUser {
 2 @Test
 3 public void test1(){
 4 UserCreate user=new UserCreate();
 5 user.setDefault_project_id( "29253dd3edcb443981cb2ccbf0108a0a");
 6 user.setDomain_id( "default");
 7 user.setEnabled(true);
 8 user.setName( "test01");
 9 user.setPassword( "123456");
10 ParamUserCreate puc=new ParamUserCreate();
11 puc.setUser(user);
12 JSONObject jpuc=JSONObject.fromObject(puc);
13 System.out.println(jpuc);
14 }
15 }
```

测试结果如图 4-43 所示。

```
Markers  Properties  Servers  Snippets  Data Source Explorer  SVN  资源库  JUnit  Console ⊠
<terminated> TestUser.test1 [JUnit] C:\Program Files\Java\jre7\bin\javaw.exe (2018年6月21日 上午11:57:59)
og4j:WARN No appenders could be found for logger (org.apache.commons.beanutils.converters.BooleanConverter).
og4j:WARN Please initialize the log4j system properly.
"user":{"default_project_id":"29253dd3edcb443981cb2ccbf0108a0a","domain_id":"default","enabled":true,"name":"test01","password":"123456"}
```

图 4-43 测试结果

（4）编写 Service 接口和实现类

在 com.huatec.edu.cloud.huastack.core.nova.service 包下新建一个接口 UserService，UserService 接口中定义注册用户的方法，具体代码如下：

【代码 4-36】 UserService.java

```
1 public interface UserServie {
2 //注册用户
3 Result signUp(String username,String password,String email);
4 }
```

在 com.huatec.edu.cloud.huastack.core.nova.service 包下新建一个类 UserServiceImpl，并让其实现 UserService 接口，UserServiceImpl 是 UserService 的接口实现类。

【代码 4-37】 UserServiceImpl.java

```java
1  @Service
2  public class UserServiceImpl implements UserServie{
3  @Resource
4  private UserDao userDao;//注入 userDao
5  //注册用户
6  @Override
7  public Result signUp(String username, String password, String email) {
8  System.out.println("新建用户");
9  Result result=new Result();
10 //判断用户名是否存在
11 User checkUser1=userDao.findByName(username);
12 if(checkUser1!=null){
13 result.setStatus(0);
14 result.setMsg("用户名已经存在");
15 return result;
16 }
17 //判断邮箱是否存在
18 User checkUser2=userDao.findByEmail(email);
19 if(checkUser2!=null){
20 result.setStatus(0);
21 result.setMsg("邮箱已经存在");
22 return result;
23 }
24 //新建用户,需要 Token,默认使用 admin 的 Token
25 String adminPwd=HSUtil.getAdminPwd();
26 Token1 token=UserUtil.getToken1("admin", adminPwd);
27 String tokenId=token.getTokenId();
28 //获取 Tenant
29 Map map=UserUtil.getTenant(tokenId);
30 String tenantId=map.get("tenantId").toString();
31 //获取项目的 Token
32 String tenantTokenId=UserUtil.getTenantToken(tokenId, tenantId, "admin", adminPwd);
33 System.out.println("tenantTokenId"+tenantTokenId);
34 //构建 jersey 客户端
35 Client client=Client.create();
36 //请求创建用户调用 API http://IP:5000/v3/users
37 WebResource webResource=client.resource(APIUtil.getAPI().getKeystoneAPI()+"/users");
38 //构建请求参数
39 UserCreate user=new UserCreate();
40 user.setDefault_project_id(tenantId);
41 user.setDomain_id("default");
42 user.setEnabled(true);
43 user.setName(username);
44 user.setPassword(password);
45 ParamUserCreate puc=new ParamUserCreate();
46 puc.setUser(user);
```

```
47 JSONObject jpuc=JSONObject.fromObject(puc);
48 // 传参,请求 OpenStack
49 String response=webResource.entity(jpuc.toString()).header("X-
Auth-Token", tenantTokenId).
50 type(MediaType.APPLICATION_JSON).post(String.class);
51 // 解析响应 JSON 获取 UserID
52 JSONObject resultjson=JSONObject.fromObject(response);
53 String u=resultjson.getString("user");
54 JSONObject userjson=JSONObject.fromObject(u);
55 String userId=userjson.getString("id");
56 System.out.println("userid"+userId);
57 // 注册成功存入本地数据库
58 User saveUser=new User();
59 saveUser.setName(username);
60 saveUser.setPassword(HSUtil.md5(password));
61 saveUser.setUser_id(userId);
62 saveUser.setDomain(user.getDomain_id());
63 saveUser.setEmail(email);
64 saveUser.setProject_id(user.getDefault_project_id());
65 Timestamp now=new Timestamp(System.currentTimeMillis());
66 saveUser.setCreatime(now);
67 userDao.save(saveUser);
68 result.setStatus(0);
69 result.setMsg("用户注册成功");
70 result.setData(response);
71 return result;
72 }
73 }
```

（5）测试

在 com.huatec.edu.cloud.huastack.core.nova.test.service 包下新建一个测试类 TestUserService，在此类中对"注册用户"的方法测试，具体代码如下：

【代码 4-38】 TestUserService.java

```
1 public class TestUserService {
2 String conf="config/applicationContext.xml";
3 ApplicationContext ac=new ClassPathXmlApplicationContext(conf);
4 UserServie userServie=ac.getBean("userServiceImpl",UserServie.
class);
5 @Test
6 public void testsingup(){
7 Result result=userServie.signUp("ceshi", "654321", "1231231234@
qq.com");
8     System.out.println(result);
9 }
10 }
```

控制台输出结果如图 4-44 所示。

图4-44　注册用户测试结果

3. 实现 Controller 层

Controller 层负责调用 Service 层并形成 API 接口以供前端页面调用，实现 Controller 层首先需要在 com.huatec.edu.cloud.huastack.core.nova 包下新建一个包 controller。

用户注册 API 规划见表 4-6。

表4-6　用户注册API规划

功能	前端传参	http方法类型	API设计
用户注册	uname、password、email	POST	/user

（1）在 com.huatec.edu.cloud.huastack.core.nova.controller 包下新建一个类 UserController，具体代码如下：

【代码4-39】 UserController.java

```
 1 @Controller
 2 @RequestMapping("/user")
 3 public class UserController {
 4 // 注入 userService
 5 @Resource
 6 private  UserServie userServie;
 7 // 注册用户
 8 @RequestMapping(method=RequestMethod.POST)
 9 @ResponseBody
10 @APIOperation(value=" 新增用户 / 注册 ")
11 public Result add(@APIParam(value=" 用户名 ")@RequestParam
("username") String username,@APIParam(value=" 密码 ")@RequestParam
("password") String password,@APIParam(value=" 邮箱 ")@RequestParam
("email") String email){
12  Result result=userServie.signUp(username, password, email);
13 return result;
14 }
15 }
```

（2）测试

① Swagger 是一款 RESTful 接口的文档在线自动生成＋功能测试软件。Swagger 可以跟据业务代码自动生成相关的 API 接口文档，被用于 RESTful 风格中的项目，可以自动为用户的业务代码生成 Restfut 风格的 API，提供测试界面，自动显示 json 格式的响应。方

便后台开发人员与前端的相关人员沟通与联调。

Swagger 注解介绍

· @API

用在类上，说明该类的作用，示例如下：

`@API(value ="UserController", description ="用户相关API")`

· @APIOperation

协议描述，用在 controller 方法上，说明方法的作用，示例如下：

`@APIOperation(value =" 查找用户 ")`。

· @APIImplicitParam()

用于方法，表示单独的请求参数。

· @APIImplicitParams

name– 参数，value– 参数说明，dataType– 数据类型，paramType– 参数类型，example– 举例说明。

用在方法上包含一组参数说明，示例如下：

```
@APIImplicitParams({
@APIImplicitParam(name ="X-Auth-Token", value ="X-Auth-Token", required = true, dataType ="string", paramType ="header")
})
```

· @EnableSwagger：使 Swagger 生效。

· @Configuration 注解该类，等价于 XML 中配置 beans，如果需要使用 Junit 进行测试，需注释掉 @Configuration。

② 在 com.huatec.edu.cloud.huastack.utils 包下新建一个类 SwaggerConfig，具体代码如下：

【代码 4-40】 SwaggerConfig.java

```
1  @Configuration
2  @EnableSwagger
3  public class SwaggerConfig {
4  private SpringSwaggerConfig springSwaggerConfig;
5  // 需要自动注入 SpringSwaggerConfig
6  @Autowired
7  public void setSpringSwaggerConfig(SpringSwaggerConfig springSwaggerConfig){
8  this.springSwaggerConfig = springSwaggerConfig;
9  }
10 // 用 @Bean 标注方法等价于 XML 中配置 bean
11 @Bean
12 public SwaggerSpringMvcPlugin customImplementation(){
13 return new SwaggerSpringMvcPlugin(this.springSwaggerConfig)
14 .APIInfo(APIInfo())
15 .includePatterns(".*?");
16 }
17 private APIInfo APIInfo(){
18 APIInfo APIInfo = new APIInfo(
```

```
19 "HStack—API",
20 "华晟云平台API接口",
21 "My Apps API terms of service",
22 "My Apps API Contact Email",
23 "My Apps API Licence Type",
24 "My Apps API License URL");
25 return APIInfo;
26 }
27 }
```

③ 将静态资源文件夹 swagger 拷贝到 WebContent 下，如图 4-45 所示。

图 4-45　集成 Swagger 静态资源 1

④ 修改 Swagger 文件下的 index.html 中的 URL。如图 4-46 所示。

图 4-46　集成 Swagger 静态资源 2

⑤ 启动 tomcat，在浏览器中输入 http://localhost:8080/HStack2/swagger/index.html，查看效果，进行测试，具体如图 4-47 所示。

项目4 云平台用户服务功能开发

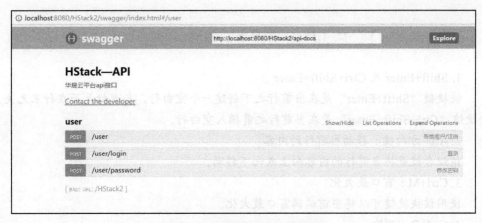

图4-47 集成Swagger效果图

测试注册用户 API 结果如图 4-48 所示。

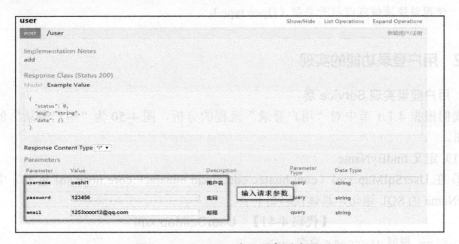

图4-48 Swagger注册用户测试图1

Swagger 注册用户测试如图 4-49 所示。

图4-49 Swagger注册用户测试图2

> **【知识链接】 EclIPse 开发中常用的快捷键**
>
> 1. Shift+Enter 及 Ctrl+Shift+Enter
> 快捷键"Shift+Enter"是在当前行之下创建一个空白行,与光标是否在行末无关。
> 快捷键"Ctrl+Shift+Enter"是在当前行之前插入空白行。
> 2. Alt+ 方向键:移动当前行的内容
> 该组合键是将当前行的内容向上或向下移动。
> 3. Ctrl+M:窗口最大化
> 使用该快捷键可以将当前编辑窗口最大化。
> 4. Ctrl+D:删除
> 使用该快捷键可以删除当前行。
> 5. Ctrl+Shift+T
> 使用该快捷键可以打开类型(Open type)。

4.3.2 用户登录功能的实现

1. 用户登录实现 Service 层

我们根据 4.1.1 节中对"用户登录"流程的分析,图 4-50 为"用户登录"的业务逻辑图。

(1)定义 findByName

① 在 UserSqlMap.xml(com.huatec.edu.cloud.huastack.core.nova.sql 包下)中添加 findByName 的 SQL 语句,具体代码如下:

【代码 4-41】 UserSqlMap.xml

```
1 <!-- 根据username查询 -->
2 <select id="findByName" parameterType="string"
3 resultType="com.huatec.edu.cloud.huastack.core.nova.entity.User">
4 select name,user_id,password,email,project_id,domain,creatime
5  from hs_user
6  where name=#{name}
7 </select>
```

在 UserDao 接口中添加如下方法的定义,代码如下:

【代码 4-42】 UserDao.java

```
1 User findByName(String username);// 根据用户名查看
```

在 TestUserDao 中进行测试(测试代码和上面类似,此处不再赘述)。

② 在 com.huatec.edu.cloud.huastack.core.nova.model.response.user 下新建 ResponseUser 用于保存 user 用户信息并把 user 用户信息返回前端,实体类字段信息,具体代码如下:

项目4 云平台用户服务功能开发

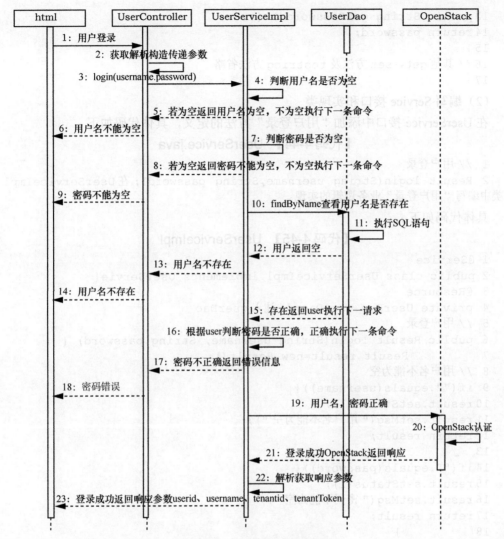

图4-50 用户登录业务逻辑

【代码4-43】 ResponseUser.java

```
1 public class ResponseUser implements Serializable {
2 private String username;
3 private String password;
4 private String userId;
5 private String projectId;
6 private String tenantTokenId;
7 public String getUsername() {
8 return username;
9 }
10 public void setUsername(String username) {
11 this.username = username;
12 }
```

```
13 public String getPassword() {
14 return password;
15 }
16 // 其他 get、set 方法及 tostring 方法省略
17 }
```

（2）编写 Service 接口和实现类

在 UserService 接口中添加"用户登录"方法的定义，具体代码如下：

【代码 4-44】 UserService.java

```
1  // 用户登录
2  Result login(String username,String password);
```

在 UserServiceImpl 类中编写"用户登录"业务逻辑的实现。

具体代码如下：

【代码 4-45】 UserServiceImpl

```
1  @Service
2  public class UserServiceImpl implements UserServie{
3  @Resource
4  private UserDao userDao;// 注入 userDao
5  // 用户登录
6  public Result login(String username, String password) {
7          Result result=new Result();
8  // 用户名不能为空
9  if("".equals(username)){
10 result.setStatus(1);
11 result.setMsg("用户名不能为空 ");
12 return result;
13        }
14 if("".equals(password)){
15 result.setStatus(1);
16 result.setMsg("密码不能为空 ");
17 return result;
18        }
19 // 判断用户是否存在
20         User  finduser=userDao.findByName(username);
21 if(finduser==null){
22 result.setStatus(1);
23 result.setMsg("用户不存在 ");
24 return result;
25        }
26 // 判断密码是否正确
27 if(!HSUtil.md5(password).equals(finduser.getPassword())){
28 result.setStatus(1);
29 result.setMsg(" 密码错误 ");
30 return result;
31 }
32 // 获取 token
33 Token1 token=UserUtil.getToken1(username,password);
34 String tokenId=token.getTokenId();
```

项目4 云平台用户服务功能开发

```
35 String userId=token.getUserId();
36 // 获取tenant
37 Map map=UserUtil.getTenant(tokenId);
38 String tenantId=map.get("tenantId").toString();
39 String tenantName=map.get("tenantName").toString();
40 // 获取项目token
41      String tenantTokenId=UserUtil.getTenantToken(tokenId,tenantId, username, password);
42      ResponseUser resUser=new ResponseUser();
43      resUser.setUserId(userId);
44      resUser.setUsername(username);
45      resUser.setProjectId(tenantId);
46      resUser.setTenantokenId(tenantTokenId);
47         result.setData(resUser);
48         result.setMsg("登录成功");
49         result.setStatus(0);
50         return result;
51      }
52 }
```

（3）测试

在 com.huatec.edu.cloud.huastack.core.nova.test.service 包下新建一个测试类 TestUserService，在此类中对"用户登录"的方法进行测试，具体代码如下：

【代码4-46】 TestUserService.java

```
1 public class TestUserService {
2 String conf="config/applicationContext.xml";
3 ApplicationContext ac=new ClassPathXmlApplicationContext(conf);
4 UserServie userServie=ac.getBean("userServiceImpl",UserServie.class);
5 @Test
6 public void logintest(){
7 Result result=userServie.login("ceshi", "654321");
8 System.out.println(result);
9 }
10 }
```

控制台输出结果如图 4-51 所示。

图4-51 测试"用户登录Service层"的控制台输出结果

【做一做】

请自行完成用户修改密码的 API 开发。

2. 用户登录实现 Controller 层

用户登录 API 规划见表 4-7。

表4-7　用户登录API规划

功能	前端传参	HTTP方法类型	API设计
用户登录	uname、password	POST	/user/login

① 在 com.huatec.edu.cloud.huastack.core.nova.controller 包下新建一个类 UserController，具体代码如下：

【代码4-47】 UserController.java]

```
1  public class UserController {
2  @Resource
3  private  UserServie userServie;
4  // 登录
5  @RequestMapping(value="/login",method=RequestMethod.POST)
6  @ResponseBody
7  @APIOperation(value=" 登录 ")
8  public Result login(@APIParam(value="用户名")@RequestParam ("username") String username, @APIParam(value=" 密码 ")@RequestParam ("password") String password){
9  Result result=userServie.login(username, password);
10 return result;
11 }
12 }
```

② 用 Swagger 进行测试，输入请求参数，单击 "Try it out"，如图 4-52 和图 4-53 所示。

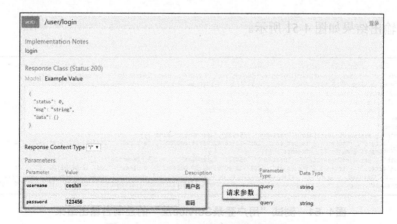

图4-52　Swagger用户登录测试图1

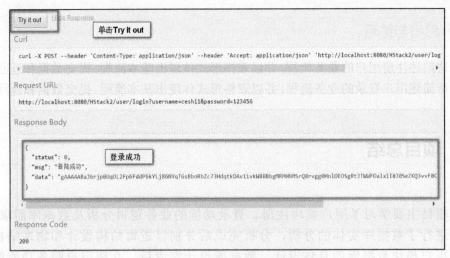

图4-53　Swagger用户登录测试图2

4.3.3　任务回顾

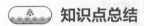知识点总结

1. 编写实体类要遵循以下原则：
① 实现序列化 Serializable 接口；
② 属性类型统一采用封装类型；
③ 属性名称与数据表中字段名称一致；
④ 为每个实体类生成 get、set 和 toString 方法。
2. 注册功能的开发实现流程。
3. 集成 Swagger 进行用户注册和登录的测试。
4. 登录功能的开发实现流程。

学习足迹

任务三学习足迹如图 4-54 所示。

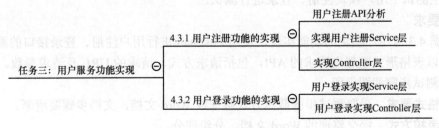

图4-54　任务三学习足迹

思考与练习

1. 请简述注册用户的业务流程,并以表格形式体现出基本流程、提交数据和返回数据。
2. 请简述用户登录的业务流程,并以表格形式体现出基本流程、提交数据和返回数据。

4.4 项目总结

本项目主要学习了用户模块注册、登录功能的业务逻辑分析及数据库需求分析,我们先进行了数据库实体的分析,分析完成后分别以逻辑结构设计和物理结构设计实现对用户模块数据库的具体设计,数据库设计完成后,介绍用户服务功能的具体实现。

通过本项目的学习,我们提高了逻辑分析能力和软件开发能力。

图 4-55 为项目 4 技能图谱。

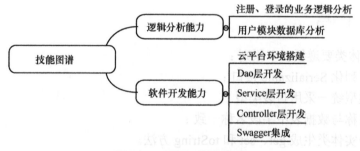

图 4-55　项目 4 技能图谱

4.5 拓展训练

自主测试:用户模块注册、登录进行测试。

◆ 要求

根据 4.3 节用户模块的功能实现,使用 Postman 进行用户注册、登录接口的测试。

① 以表格形式整理出请求的 API,包括请求方式、请求的 URL 及请求参数。

② 测试步骤截图保留。

◆ 格式要求:采取测试步骤截图方式整理成 Word 文档,文档步骤要清晰。

◆ 考核方式:提交整理的 Word 文档,分组评分。

◆ 评估标准:见表 4-8。

表4-8 拓展训练评估表

项目名称： 用户模块Postman测试	项目承接人： 姓名：		日期：
项目要求	评价标准		得分情况
总体要求： ① 以表格形式规划请求API的URL（60分）； ② 每步请求截图整理成Word文档（40分）	① 合理规划请求API的URL（50分）； ② 文档结构清晰，逻辑严谨准确（40分）； ③ 发言人语言简洁、严谨，言行举止大方得体，说话有感染力，能深入浅出（10分）		
评价人	评价说明		备注
个人			
老师			

项目 5
云平台虚拟机服务功能开发

📖 项目引入

我的朋友小 b 很关心云平台的开发进度,他之前问过为什么不直接调用 OpenStack API 而要开发后台的问题。

> 小 b:小 a,你的云平台开发的怎么样了,给我看看啊。
> 小 a:还在弄呢!
> 小 b:我是特别好奇你现在弄的这个新平台,想跟你取取经。
> 小 a:用户模块的代码我已经整完了,接下来要进行虚拟机模块的核心规划。
> 小 b:太棒啦!快拿出来分享一下。
> ……

图 5-1 所示为虚拟机模块开发的 API。

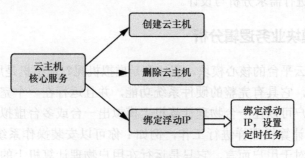

图 5-1 虚拟机模块开发的 API

📚 知识图谱

图 5-2 为项目 5 知识图谱。

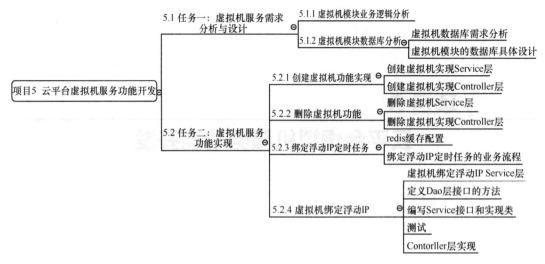

图5-2　项目5知识图谱

5.1　任务一：虚拟机服务需求分析与设计

【任务描述】

对于软件开发而言，需求分析是基础和前提条件，也是软件开发能否顺利进行的关键因素之一。如果开发前我们没有做好需求分析，就很可能在开发过程中因逻辑混乱而"止步不前"。所谓"需求分析"，是指对要解决的问题详细地分析，包括需要输入什么数据、要得到什么结果、最后应输出什么。在软件开发中，需求分析是非常关键的过程，其一般包括功能需求、性能需求、运行需求和可用性需求等。在任务一中，我们主要针对云平台的虚拟机模块进行需求分析与设计。

5.1.1　虚拟机模块业务逻辑分析

虚拟机模块为云平台的核心模块，那什么是虚拟机呢？虚拟机是用软件模拟出来的、完整的计算机系统，它具有完整的硬件系统功能，并且运行在一个完全隔离环境中。通过虚拟机软件，用户可以在一台物理计算机上模拟出一台或多台虚拟的计算机，这些虚拟机可以像真正的计算机那样进行工作，例如：你可以安装操作系统、安装应用程序、访问网络资源等。对于用户而言，它只是运行在用户物理计算机上的一个应用程序，但对于虚拟机中运行的应用程序而言，它就是一台真正的计算机。因此，当我们在虚拟机中进行软件评测时，可能会造成系统的崩溃，但是，崩溃的只是虚拟机上的操作系统，而不是物理计算机上的操作系统。我们使用虚拟机的恢复功能，可以马上恢复虚拟机到安装软件之前的状态。

如图5-3所示，虚拟机模块规划了6个API，包括创建虚拟机、删除虚拟机、暂停、恢复虚拟机，关闭、开启虚拟机、绑定浮动IP、创建虚拟机快照。

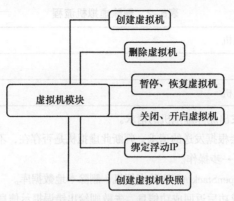

图5-3 虚拟机模块API分析

虚拟机业务逻辑分析内容为以下几点。

（1）创建虚拟机

用户成功登录到云平台后，可以在云服务器模块中创建虚拟机。用户在创建虚拟机页面输入请求参数，系统会对OpenStack发出请求，请求成功后，返回成功提示信息，创建虚拟机成功；失败则返回错误提示信息，表5-1为请求创建虚拟机的详细流程。

表5-1 创建虚拟机流程

名称	创建虚拟机
编号	Case 001
描述	创建虚拟机
基本流程	①用户进入创建虚拟机页面。 ②用户输入请求参数虚拟机名称、用户编号、镜像编号、模板编号、网络编号、令牌Token。 ③后台系统根据请求，先验证创建虚拟机的用户是否存在，判断虚拟机名称是否重复，验证成功进入下一请求，失败则返回错误提示信息。 ④构建请求参数请求OpenStack，请求成功返回响应信息，失败则返回错误提示信息。 ⑤解析请求成功后返回的响应信息将保存到本地数据库。 ⑥创建虚拟机成功，显示创建完成虚拟机，失败则会返回错误提示信息
提交数据	虚拟机名称、用户编号、镜像编号、模板编号、网络编号、令牌Token
返回数据	新建虚拟机成功

（2）删除虚拟机

前端发出删除虚拟机的请求，系统首先会判断虚拟机是否存在，构建请求参数请求OpenStack删除虚拟机，删除成功后返回成功提示信息，失败则提示错误信息。

删除虚拟机流程见表 5-2。

表5–2　删除虚拟机流程

名称	删除虚拟机
编号	Case 002
描述	删除虚拟机
基本流程	① 前端发出删除虚拟机的请求。 ② 系统会根据发送的请求，判断此虚拟机是否存在，不存在返回错误提示信息，存在执行下一步操作。 ③ 请求OpenStack API删除虚拟机，删除本地数据库。 ④ 删除成功后返回成功信息，失败则给出错误提示信息
提交数据	虚拟机编号、令牌Token
返回数据	删除虚拟机成功

（3）暂停、恢复虚拟机

OpenStack 提供了可以对虚拟机进行一系列操作动作的 API，包括暂停、恢复虚拟机、开启、关闭虚拟机，下面我们介绍暂停、恢复虚拟机的请求流程。

暂停虚拟机基本流程见表 5-3。

表5–3　暂停虚拟机流程

名称	暂停虚拟机
编号	Case 003
描述	暂停虚拟机
基本流程	① 前端发出暂停虚拟机请求。 ② 系统会根据前台发出的请求先判断此虚拟机是否存在，存在执行下一步操作，不存在则返回错误提示信息。 ③ 构建请求参数，请求OpenStack暂停虚拟机的API。 ④ 请求成功后返回成功信息，如果请求失败则返回错误提示信息
提交数据	虚拟机编号、令牌Token
返回数据	暂停虚拟机成功

恢复虚拟机基本流程见表 5-4。

（4）绑定浮动 IP

OpenStack 的固定 IP 和浮动 IP 都为随机分配。不同的是在创建完虚拟机后固定 IP 为系统直接分配，而浮动 IP 则需要我们手动绑定。

虚拟机绑定浮动 IP 流程见表 5-5。

表5-4 恢复虚拟机流程

名称	恢复虚拟机
编号	Case 004
描述	恢复虚拟机
基本流程	① 前端发出恢复虚拟机请求。 ② 系统会根据前端发出的请求先判断此虚拟机是否存在,如存在执行下一步操作,如不存在则返回错误提示信息。 ③ 构建请求参数,请求OpenStack恢复虚拟机API。 ④ OpenStack请求成功后返回成功信息,请求失败则返回错误提示信息
提交数据	虚拟机编号、令牌Token
返回数据	恢复虚拟机成功

表5-5 虚拟机绑定浮动IP流程

名称	绑定浮动IP
编号	Case 007
描述	绑定浮动IP
基本流程	① 前端页面发出绑定浮动IP请求。 ② 系统根据前端发出请求先判断虚拟机是否存在,查询固定IP是否非空,若固定IP为空则不能绑定浮动IP。判断完固定IP非空后,再根据请求判断是否绑定过浮动IP,浮动IP不可重复绑定。 ③ 构建请求参数,请求OpenStack绑定浮动IP的API。 ④ 请求成功将浮动IP信息保存到本地数据库,更新本地数据库中虚拟机的信息,失败则返回错误提示信息
提交数据	虚拟机编号、令牌Token
返回数据	绑定浮动IP成功

【知识拓展】

浮动IP是一些可以从外部访问的IP列表,通常是从ISP(互联网服务提供商)里买来的。浮动IP缺省不会自动赋给示例,用户需手动地从地址池里抓取,然后赋给实例,一旦被用户抓取,他就变成这个IP的所有者,可以随意赋给自己拥有的其他实例,如果实例死掉,用户也不会失去这个浮动IP,可以随时赋给其他实例。而对于固定IP来说,实例启动后获得的IP也是自动的,不能指定某一个,因此当一个VM宕机时,重新启动也许固定IP就换了一个。系统管理员可以配置多个浮动IP池,这个IP池不能指定租户,每个用户都可以去抓取。多浮动IP池是为了考虑不同的ISP服务提供商,避免某一个ISP出故障带来麻烦。

而对于固定IP来说,实例启动后获得的IP也是自动的,不能指定某一个。因此当一个VM宕机时,重新启动也许固定IP就换了一个。

（5）创建虚拟机快照

OpenStack 提供了创建虚拟机快照的接口，创建虚拟机快照主要是对虚拟机进行备份。创建虚拟机快照流程见表 5-6。

表5-6　创建虚拟机快照流程

名称	创建虚拟机快照
编号	Case 008
描述	虚拟机快照
基本流程	① 前端发出请求，请求创建虚拟机快照。 ② 系统会根据请求先判断是否存在此虚拟机，验证快照名称不能够为空，检查快照名称是否已存在，通过验证请求后执行下一步操作，如果错误会返回错误提示信息。 ③ 构建请求参数，请求OpenStack，将快照信息存入本地数据库。 ④ 请求成功后返回成功提示信息，请求失败则返回错误提示信息
提交数据	虚拟机编号、虚拟机快照名称、令牌Token
返回数据	创建虚拟机快照成功

5.1.2　虚拟机模块数据库分析

1. 虚拟机数据库需求分析

（1）虚拟机 hs_server 实体

虚拟机 hs_server 实体包含的数据项有主机编号、主机名称、用户编号、项目编号、配置、虚拟机状态、内网 IP、外网 IP、备注、创建时间，如图 5-4 所示。hs_server 表用于存储创建的虚拟机信息。

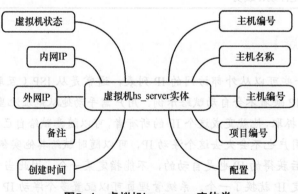

图5-4　虚拟机hs_server实体类

（2）虚拟机 hs_serve_create 实体

虚拟机 hs_server_create 实体包含的数据项有编号、主机编号、镜像编号、网络编号、模板编号、创建时间，如图 5-5 所示。hs_server_create 表用于保存创建的虚拟机信息。

项目5 云平台虚拟机服务功能开发

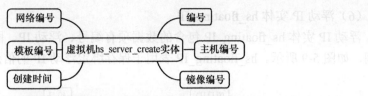

图5-5 虚拟机hs_server_create实体类

（3）镜像 hs_image 实体

镜像 hs_image 实体包含的数据项有镜像编号、镜像名称、状态、创建时间、镜像大小、磁盘格式、镜像拥有者，如图 5-6 所示，都是用于保存镜像信息，要与 OpenStack 数据库进行同步。

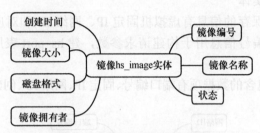

图5-6 镜像hs_image实体类

（4）模板 hs_flavor 实体

模板 hs_flavor 实体包含的数据项有模板编号、模板名称、内存、磁盘、vcpu 数量、创建时间，如图 5-7 所示。hs_flavor 表用于保存网络信息，要与 OpenStack 数据库进行同步。

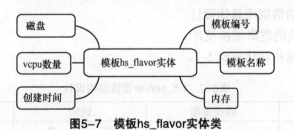

图5-7 模板hs_flavor实体类

（5）模板 hs_network 实体

模板 hs_network 实体包含的数据项有网络编号、网络名称、状态、创建时间、类型，如图 5-8 所示。hs_network 表用于保存网络信息，要与 OpenStack 数据库进行同步。

图5-8 模板hs_network实体类

（6）浮动 IP 实体 hs_floating_IP

浮动 IP 实体 hs_floating_IP 包含的数据项有编号、浮动 IP、固定 IP、项目 ID、创建时间，如图 5-9 所示。hs_floating_IP 表用于保存绑定浮动 IP 的信息。

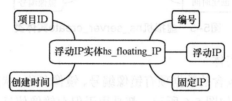

图5-9　浮动IP hs_floating_IP实体类

（7）端点 hs_port 实体

端点 hs_port 实体保存的信息有虚拟机固定 IP、网络 ID 和对应的端口号信息，绑定浮动 IP 时会查询端口编号信息用于构建请求参数，建 hs_port 表用于同步 OpenStack 数据库表中的信息。

端点 hs_port 实体包含的数据项有端口编号、固定 IP、网络 ID、创建时间，如图 5-10 所示。

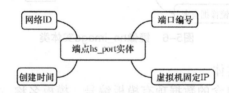

图5-10　端点hs_port实体类

2. 虚拟机模块的数据库具体设计

（1）虚拟机模块的逻辑结构设计

hs_server 逻辑结构设计见表 5-7。

表5-7　hs_server逻辑结构设计

字段名	数据类型	说明	描述
server_id	varchar（255）	主键，非空，唯一	虚拟机编号
name	varchar（50）	可为空	名称
user_id	varchar（255）	可为空	用户编号
project_id	varchar（255）	可为空	项目编号
status	varchar（50）	可为空	状态
Fixed_IP	timestamp	可为空	固定IP
Floating_IP	varchar（255）	可为空	浮动IP
config	varchar（255）	可为空	配置
remark	varchar（255）	可为空	备注
creatime	timestamp	非空	创建时间
action_status	tinyint（4）	可为空	状态
url	varchar（255）	可为空	远程连接地址

项目5 云平台虚拟机服务功能开发

hs_server_create 逻辑结构设计见表 5-8。

表5-8　hs_server_create逻辑结构设计

字段名	数据类型	说明	描述
id	Int（11）	主键、非空、唯一	编号
server_id	varchar（255）	非空	虚拟机编号
Image_id	varchar（50）	可为空	镜像编号
network_id	varchar（255）	可为空	网络编号
flavor_id	varchar（255）	可为空	模板编号
creatime	timestamp	非空	创建时间

【做一做】

参考表 hs_server、hs_server_create 的逻辑结构设计，设计虚拟机模块其他表的逻辑结构表。

（2）虚拟机模块的物理数据模型设计

① hs_server 表用于保存的信息是创建的虚拟机的名称、项目 ID、虚拟机状态、固定 IP、浮动 IP、配置、备注和创建时间等信息。表 hs_server_create 保存的信息是创建虚拟机时所用到的网络编号、模板编号、镜像编号和创建时间等信息，如图 5-11 所示。

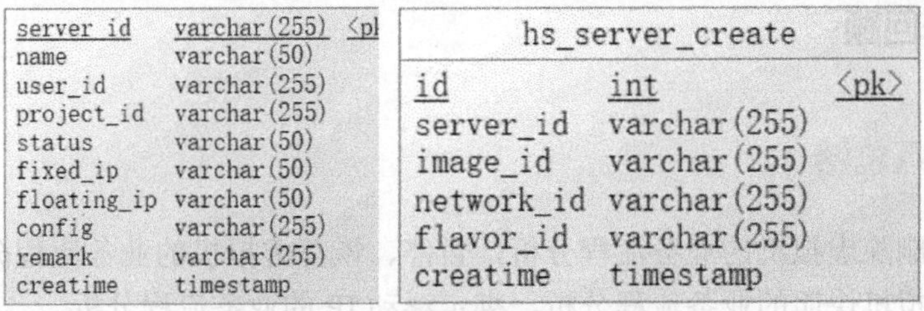

图5-11　虚拟机物理设计模型

② hs_image 表用于保存镜像信息，包括镜像名称、状态、镜像大小和磁盘格式等信息，如图 5-12 所示。hs_network 是网络信息，包括网络编号、网络名称、状态、类型和创建时间等信息，镜像和网络表需要和 OpenStack 数据库表同步。

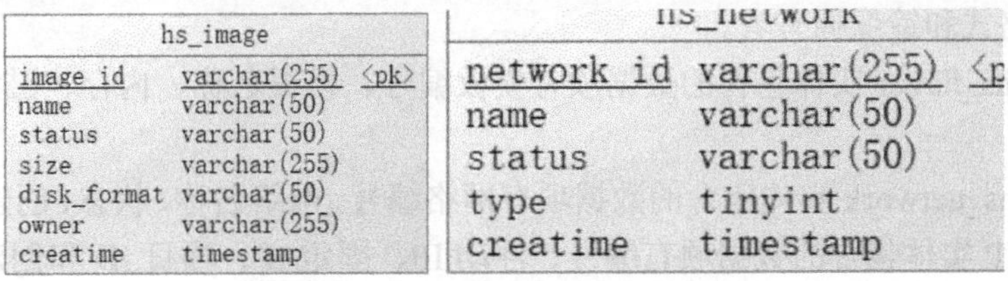

图5-12　镜像和网络物理设计模型

③ hs_flavor 表用于保存模板信息，包括模板编号、模板名称、内存、磁盘、vcpu 数量和创建时间。hs_port 表用于保存端口信息，包括虚拟机固定 IP、网络 ID 和对应的端口号信息，如图 5-13 所示。模板和端口信息表需要和 OpenStack 数据库表同步。

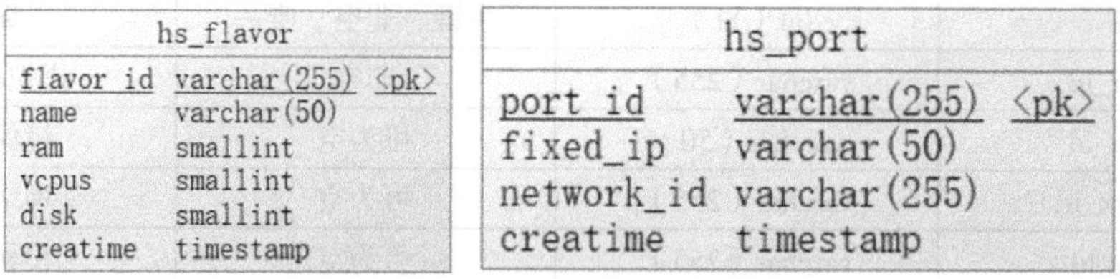

图5-13　模板和端口物理设计模型

④ hs_floating_IP 表用于保存绑定浮动 IP 信息，包括编号、浮动 IP、固定 IP、项目 ID 和创建时间，如图 5-14 所示。

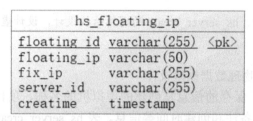

图5-14　浮动IP物理设计模型

5.1.3 任务回顾

知识点总结

1. 创建、删除虚拟机的业务流程分析，暂停、恢复虚拟机的业务流程分析。
2. 创建虚拟机快照的业务流程分析，绑定浮动 IP 的业务流程分析。
3. 虚拟机 hs_server 实体包含的数据项有主机编号、主机名称、用户编号、项目编号、配置、虚拟机状态、内网 IP、外网 IP、备注和创建时间。
4. 虚拟机 hs_server_create 实体，包含的数据项有编号、主机编号、镜像编号、网络编号、模板编号和创建时间。
5. 镜像 hs_image 实体包含的数据项有镜像编号、镜像名称、状态、创建时间、镜像大小、磁盘格式和镜像拥有者。
6. 模板 hs_flavor 实体包含的数据项有模板编号、模板名称、内存、磁盘、vcpu 数量和创建时间。
7. 网络 hs_network 实体包含的数据项有网络编号、网络名称、状态、创建时间和类型。
8. 浮动 IP 实体包含的数据项有编号、浮动 IP、固定 IP、项目 ID 和创建时间。
9. 端点 hs_port 实体包含的数据项有端口编号、固定 IP、网络 ID 和创建时间。

项目5 云平台虚拟机服务功能开发

学习足迹

任务一学习足迹如图 5-15 所示。

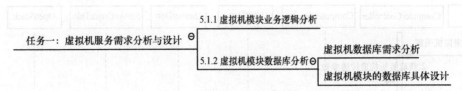

图5-15 任务一学习足迹

思考与练习

1. 请简述创建虚拟机的请求流程。
2. 请简述虚拟机绑定浮动 IP 的请求流程。

5.2 任务二：虚拟机服务功能实现

【任务描述】

我们主要学习虚拟机模块的具体功能实现，包括创建虚拟机、删除虚拟机和虚拟机绑定浮动 IP，业务流程如图 5-16 所示。

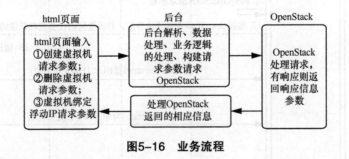

图5-16 业务流程

5.2.1 创建虚拟机功能实现

创建虚拟机 API 规划见表 5-9。

表5-9 创建虚拟机API规划

功能	前端传参	HTTP方法类型	API设计
创建虚拟机	name、userId、imageId、flavorId、networkId	POST	/server

173

云应用系统开发

1. 创建虚拟机实现 Service 层

根据 5.1.1 节中分析了"创建虚拟机"的流程，我们可以总结"创建虚拟机"的业务逻辑，具体如图 5-17 所示。

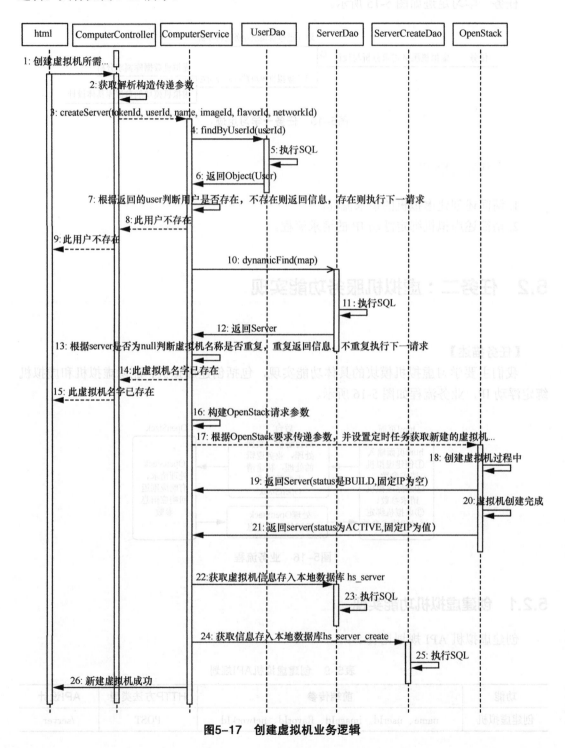

图5-17 创建虚拟机业务逻辑

(1) 编写实体类

在 com.huatec.edu.cloud.huastack.core.nova.entity 创建实体类 Server、ServerCreate 和 Flavor（文件名：Server.java、ServerCreate.java 和 Flavor.java），具体代码如下：

【代码 5-1】 Server.java

```
1  public class Server implements Serializable{
2  private String server_id;
3  private String name;
4  private String user_id;
5  private String project_id;
6  private String status;
7  private String fixed_IP;
8  private String floating_IP;
9  private String config;
10 private String remark;
11 private Timestamp creatime;
12 private Integer action_status;//1：运行中，2：暂停，3：关闭
13 private String url;
14 public String getServer_id() {
15 return server_id;
16 }
17 public void setServer_id(String server_id) {
18 this.server_id = server_id;
19 }
20 // 其他get.set方法及tostring方法省略
```

具体代码如下：

【代码 5-2】 ServerCreate.java

```
1  public class ServerCreate implements Serializable{
2  private Integer id;
3  private String server_id;
4  private String image_id;
5  private String network_id;
6  private String flavor_id;
7  private Timestamp creatime;
8  public Integer getId() {
9  return id;
10 }
11 public void setId(Integer id) {
12 this.id = id;
13 }
14 // 其他get.set方法及tostring方法省略
15 }
```

具体代码如下：

【代码 5-3】 Flavor.java

```
1  public class Flavor implements Serializable{
2  private String flavor_id;
3  private String name;
```

```
4  private Integer ram;
5  private Integer vcpus;
6  private Integer disk;
7  private Timestamp creatime;
8  public String getFlavor_id() {
9  return flavor_id;
10 }
11 public void setFlavor_id(String flavor_id) {
12 this.flavor_id = flavor_id;
13 }
14 public String getName() {
15 return name;
16 }
17 // 其他get.set方法及tostring方法省略
18 }
```

（2）构建请求参数

参考 2.2.3 节中分析创建虚拟机的 Server API，构建创建虚拟机的请求参数。

在 com.huatec.edu.cloud.huastack.core.nova.model.param.compute 包下新建类 ParamNetwork、ServerForCreate 和 ParamServerCreate（文件名：ParamNetwork.java、ParamServerCreate.java 和 ServerForCreate.java），这些类被用于构建创建虚拟机的请求参数，具体代码如下：

【代码 5-4】 ParamNetwork.java

```
1  public class ParamNetwork implements Serializable{
2  private String uuid;
3  public String getUuid() {
4  return uuid;
5  }
6  public void setUuid(String uuid) {
7  this.uuid = uuid;
8  }
9  }
```

具体代码如下：

【代码 5-5】 ServerForCreate.java

```
1  public class ServerForCreate implements Serializable{
2  private String name;
3  private String imageRef;
4  private String flavorRef;
5  private List<ParamNetwork> networks;// 关联属性
6  public String getName() {
7  return name;
8  }
9  public void setName(String name) {
10 this.name = name;
11 }
12 // 其他get.set方法及tostring方法省略
13 }
```

具体代码如下：

【代码 5-6】 ParamServerCreate.java

```java
1  public class ParamServerCreate implements Serializable{
2  private ServerForCreate server;
3  public ServerForCreate getServer() {
4  return server;
5  }
6  public void setServer(ServerForCreate server) {
7  this.server = server;
8  }
9  @Override
10 public String toString() {
11 return "ParamServerCreate [server=" + server + "]";
12 }
13 }
```

在 com.huatec.edu.cloud.huastack.core.nova.test.param 包下新建一个测试类 TestComputer（文件名：TestComputer.java），具体代码如下：

【代码 5-7】 TestComputer.java

```java
1  public class TestComputer {
2  @Test
3  public void test1(){
4  ServerForCreate server=new ServerForCreate();
5  server.setName("123");
6  server.setFlavorRef("0");
7  server.setImageRef("123456");
8  ParamNetwork network=new ParamNetwork();
9  network.setUuid("uuid123");
10 List<ParamNetwork> networks=new ArrayList<ParamNetwork>();
11 networks.add(network);
12 server.setNetworks(networks);
13 ParamServerCreate psc=new ParamServerCreate();
14 psc.setServer(server);
15 JSONObject jpuc=JSONObject.fromObject(psc);
16 System.out.println(jpuc);
17 }
18 }
```

创建虚拟机请求参数测试如图 5-18 所示。

```
<terminated> TestComputer.test1 [JUnit] C:\Program Files (x86)\jdk1.7.0_17\bin\javaw.exe (2017年12月13日 上午11:50:33)
log4j:WARN No appenders could be found for logger (org.apache.commons.beanutils.converters.BooleanConver
log4j:WARN Please initialize the log4j system properly.
{"server":{"flavorRef":"0","imageRef":"123456","name":"123","networks":[{"uuid":"uuid123"}]}}
```

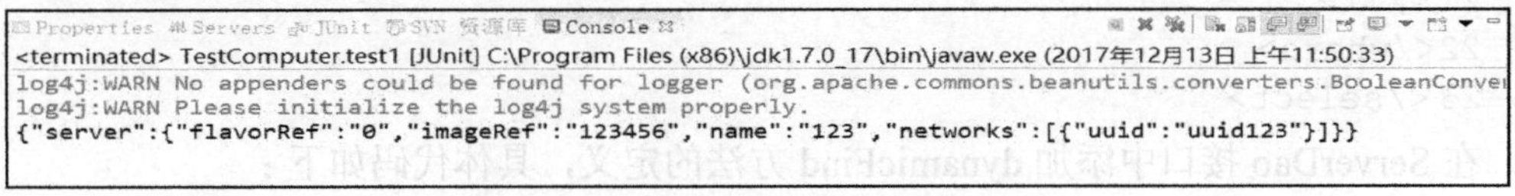

图 5-18 创建虚拟机请求参数测试

（3）定义 Dao 层接口的方法
① findByUserId 验证创建虚拟机的用户是否存在

在 UserSqlMap.xml（com.huatec.edu.cloud.huastack.core.nova.sql 包下）中添加 findByUserId、SQL 语句，具体代码如下：

【代码 5-8】 UserSqlMap.xml

```
1 <select id="findByUserId" parameterType="string"
2 resultType="com.huatec.edu.cloud.huastack.core.nova.entity.User">
3 select name,user_id,password,email,project_id,domain,creatime
4 from hs_user where user_id=#{user_id}
5 </select>
```

在 UserDao 接口中添加 findByUserId 方法的定义，具体代码如下：

【代码 5-9】 UserDao.java

```
User findByUserId(String userId);
```

在 TestUserDao 中测试（测试代码和上述代码类似，此处不再赘述）。

② dynamicFind 判断虚拟机名字是否重复

在 ServerSqlMap.xml（com.huatec.edu.cloud.huastack.core.nova.sql 包下）中添加 dynamicFind、SQL 语句，具体代码如下：

【代码 5-10】 ServerSqlMap.xml

```
 1 <select id="dynamicFind" parameterType="map"
 2 resultType="com.huatec.edu.cloud.huastack.core.nova.entity.Server">
 3 elect server_id,name,user_id,project_id,status,fixed_IP,floating_IP,
 4   config,remark,creatime
 5   from hs_server
 6 <where>
 7 <if test="server_id!=null">
 8 server_id=#{server_id}
 9 </if>
10 <if test="fixed_IP!=null">
11 and fixed_IP=#{fixed_IP}
12 </if>
13 <if test="floating_IP!=null">
14 and floating_IP=#{floating_IP}
15 </if>
16 <if test="name!=null">
17 and name=#{name}
18 </if>
19 <if test="user_id!=null">
20 and user_id=#{user_id}
21 </if>
22 </where>
23 </select>
```

在 ServerDao 接口中添加 dynamicFind 方法的定义，具体代码如下：

【代码 5-11】 ServerDao.java

```
Server dynamicFind(Map map);
```

在 TestServerDao 中进行测试（测试代码和上述代码类似，此处不再赘述）。

③ 获取模板配置信息存入本地数据库，在 FlavorSqlMap.xml（com.huatec.edu.cloud.

huastack.core.nova.sql 包下）中添加 findById、SQL 语句，具体代码如下：

【代码 5-12】 FlavorSqlMap.xml

```xml
1 <select id="findById" parameterType="string"
2 resultType="com.huatec.edu.cloud.huastack.core.nova.entity.Flavor">
3   select flavor_id,name,ram,vcpus,disk,creatime
4   from hs_flavor
5   where flavor_id=#{flavor_id}
6 </select>
```

在 FlavorDao 接口中添加 findById 方法的定义，具体代码如下：

【代码 5-13】 FlavorDao.java

```java
Flavor findById(String flavorId);
```

在 TestFlavorDao 中进行测试（测试代码和上述代码类似，此处不再赘述）。

④ 虚拟机信息存入本地数据库

在 ServerSqlMap.xml（com.huatec.edu.cloud.huastack.core.nova.sql 包下）中添加 save、SQL 语句、存储表 hs_server 信息，具体代码如下：

【代码 5-14】 ServerSqlMap.xml

```xml
1 <insert id="save" parameterType="com.huatec.edu.cloud.huastack.core.nova.entity.Server">
2   insert into hs_server
3   (server_id,name,user_id,project_id,status,fixed_IP,floating_IP,
4   config,remark,creatime)
5   values(#{server_id},#{name},#{user_id},#{project_id},#{status},
6   #{fixed_IP},#{floating_IP},#{config},#{remark},#{creatime})
7 </insert>
```

在 ServerDao 接口中添加 save 方法的定义，具体代码如下：

【代码 5-15】 ServerDao.java

```java
int save(Server saveServer);
```

在 TestServerDao 中进行测试（测试代码和上述代码类似，此处不再赘述）。

在 ServerCreateSqlMap.xml（com.huatec.edu.cloud.huastack.core.nova.sql 包下）中添加 save、SQL 语句、存储表 hs_server_create 信息，具体代码如下：

【代码 5-16】 ServerCreateSqlMap.xml

```xml
1 <insert id="save" parameterType="com.huatec.edu.cloud.huastack.core.nova.entity.ServerCreate">
2   insert into hs_server_create
3   (id,server_id,image_id,network_id,flavor_id,creatime)
4   values(#{id},#{server_id},#{image_id},#{network_id},#{flavor_id},#{creatime})
5 </insert>
```

在 ServerCreateDao 接口中添加 save 方法的定义，具体代码如下：

【代码 5-17】 ServerCreateDao.java

```java
int save(ServerCreate sc);
```

在 TestServerCreateDao 中进行测试（测试代码和上述代码类似，此处不再赘述）。

（4）编写工具类

在 com.huatec.edu.cloud.huastack.core.nova.util 包下新建工具类 NovaResponseUtil，在工具类里定义 getServerId。getServerId 用于解析创建虚拟机的响应信息并将获取的 serverid（虚拟机 id）保存到本地数据库中，具体代码如下：

【代码 5-18】 NovaResponseUtil.java

```
1  public class NovaResponseUtil {
2  public static String getServerId(String response) {
3  // 解析响应（新建 server 的 API）的嵌套 json，获得 serverId
4  JSONObject resultJson=JSONObject.fromObject(response);
5  String server=resultJson.getString("server");
6  JSONObject serverJson=JSONObject.fromObject(server);
7  String serverId=serverJson.getString("id");
8  return serverId;
9  }
10 }
```

（5）编写 Service 接口和实现类

在 com.huatec.edu.cloud.huastack.core.nova.service 包下新建接口 ComputeService，该接口定义创建虚拟机方法，具体代码如下：

【代码 5-19】 ComputeService.java

```
1  public interface ComputeService {
2  // 新建虚拟机
3  Result createServer(String tokenId,String userId,String name,
4  String imageId,String flavorId,String networkId);
5  }
```

在 com.huatec.edu.cloud.huastack.core.nova.service 包下新建一个类 ComputeServiceImpl，并让其实现 ComputeService 接口，具体代码如下：

【代码 5-20】 ComputeServiceImpl

```
1  @Resource
2   private UserDao userDao;
3   @Resource
4   private FlavorDao flavorDao;
5   @Resource
6   private ServerDao serverDao;
7   @Resource
8   private ServerCreateDao serverCreateDao;
9  Result result=new Result();x
10 // 新建虚拟机
11  @Override
12  public Result createServer(String tokenId, String userId, String name,
13  String imageId, String flavorId, String networkId) {
14 // 先判断创建此虚拟机的用户是否存在
15    User checkUser=userDao.findByUserId(userId);
16  if(checkUser==null){
17  result.setData(1);
```

```
18     result.setMsg("不存在此用户");
19     return result;
20 }
21 // 判断虚拟机名字是否重复
22 Map<String, Object> map=new HashMap<String, Object>();
23 map.put("user_id", userId);
24    map.put("name", name);
25    Server checkserver=serverDao.dynamicFind(map);
26 if(checkserver!=null){
27 result.setStatus(1);
28    result.setMsg("虚拟机名称已存在");
29 return result;
30 }
31 Client client=Client.create();
32 //IPhttp://192.168.14.120:8774/v2.1/servers
33 WebResource  webResource=client.resource(APIUtil.getAPI().getNovaAPI()+"/servers");
34 // 构建请求参数
35 ServerForCreate server=new ServerForCreate();
36 server.setName(name);
37 server.setImageRef(imageId);
38 server.setFlavorRef(flavorId);
39 ParamNetwork network=new ParamNetwork();
40 network.setUuid(networkId);
41 List<ParamNetwork> networks=new ArrayList<ParamNetwork>();
42 networks.add(network);
43 server.setNetworks(networks);
44 ParamServerCreate psc=new ParamServerCreate();
45 psc.setServer(server);
46 JSONObject jpuc=JSONObject.fromObject(psc);
47 String response=webResource.entity(jpuc.toString()).header("X-Auth-Token", tokenId).type(MediaType.APPLICATION_JSON).post(String.class);
48 System.out.println(response);
49 String serverId=NovaResponseUtil.getServerId(response);
50 System.out.println("serverId"+serverId);
51 // 获取信息并将其存入本地数据库
52 Server saveServer=new Server();
53 saveServer.setServer_id(serverId);
54 saveServer.setName(name);
55 saveServer.setUser_id(userId);
56 String projectId=userDao.findByUserId(userId).getProject_id();
57 saveServer.setProject_id(projectId);
58 saveServer.setStatus("build");
59 saveServer.setFixed_IP("");
60 saveServer.setFloating_IP("");
61 // 获取配置信息
62 Flavor flavor=flavorDao.findById(flavorId);
63 String config=flavor.getRam()+"M内存,"+
64 flavor.getVcpus()+"核cpu,"+flavor.getDisk()+"G磁盘";
```

```
65 System.out.println(config);
66 saveServer.setConfig(config);
67 saveServer.setAction_status(0);
68 saveServer.setUrl("");
69 / 存入本地数据库
70 serverDao.save(saveServer);
71 // 将创建的信息存入 hs_server_create 表
72 ServerCreate sc=new ServerCreate();
73 sc.setId(null);
74 sc.setFlavor_id(flavorId);
75 sc.setImage_id(imageId);
76 sc.setServer_id(serverId);
77 sc.setNetwork_id(networkId);
78 sc.setCreatime(null);
79 serverCreateDao.save(sc);
80 result.setStatus(0);
81 result.setMsg(" 新建虚拟机成功 ");
82 result.setData(serverId);
83 return result;
84 }
```

（6）测试

在 com.huatec.edu.cloud.huastack.core.nova.test.service 包下新建一个类 TestComputer Service，此类可测试"创建虚拟机"的方法，具体代码如下：

【代码 5-21】 TestComputerService.java

```
1 @Test
2 public void createCom(){
3 String tokenId="gAAAAABaMO6kmCdNELocQQQ0Bi1tOdxNeMjb-RnaFZ2wV_
TyfHn-YzMmcfhH1rFkkyZjxh0t4pK-ecDr5e9FugmcGVIlIZGAuUD56nw-8iOCjN7
ydrP5oOaNy_-ftFKbmki2MpMHaLe0xMhDZ2iMhaggnHsVQxGSTc9nY4TSENf0VCS_
UI7N-_0";
4 String userId="bfd706b4608f4564a80a2b5310ff40f2";
5 String name="TestCreateServer";
6 String imageId="30345385-e8db-46f6-8d61-218907d5dc89";
7 String flavorId="e10f6635-f456-4544-ae64-b23124e3591f";
8 String networkId="138b7194-ab8c-4561-9ac4-33c58c5a540d";
9 Result result=computeService.createServer(tokenId, userId,
name, imageId, flavorId, networkId);
10    System.out.println(result);
11 }
```

创建虚拟机测试 Service 层结果如图 5-19 所示。

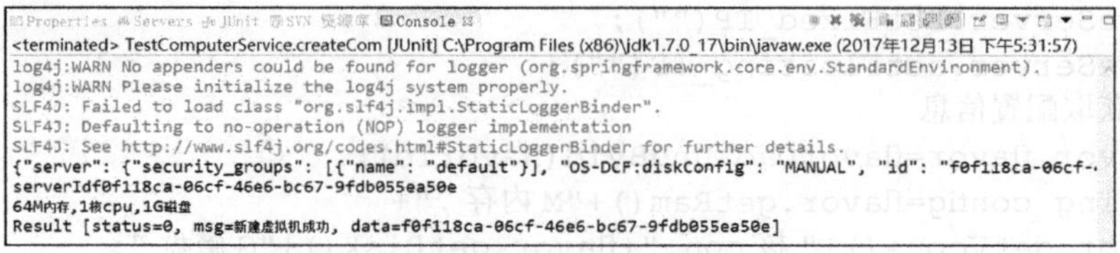

图5-19 创建虚拟机测试Service层结果

2. 创建虚拟机实现 Controller 层

① 在 com.huatec.edu.cloud.huastack.core.nova.controller 包下新建一个类 ComputerController，具体代码如下：

【代码 5-22】 ComputerController.java

```
1  @Controller
2  public class ComputerController {
3  @Resource
4  private ComputeService computeService;//注入 computeService
5
6  @RequestMapping(value="/server",method=RequestMethod.POST)
7  @ResponseBody
8  @APIOperation(value=" 新建虚拟机 ")
9  @APIImplicitParams({
10 @APIImplicitParam(name = "X-Auth-Token", value = "X-Auth-Token", required = true, dataType = "string", paramType = "header"),
11 })
12 public Result createServer(HttpServletRequest request,
13 @APIParam(value=" 名称 ")@RequestParam("name") String name,
14 @APIParam(value=" 用户编号 ")@RequestParam("userId")String userId,
15 @APIParam(value=" 镜像编号 ")@RequestParam("imageId")String imageId,
16 @APIParam(value=" 模板编号 ")@RequestParam("flavorId")String flavorId,
17 @APIParam(value=" 网络编号 ")@RequestParam("networkId") String networkId){
18 String tokenId=request.getHeader("X-Auth-Token");
19 Result result=computeService.createServer(tokenId, userId, name, imageId, flavorId, networkId);
20 return result;
21 }
22 }
```

② 测试 Swagger，测试结果如图 5-20 和图 5-21 所示。

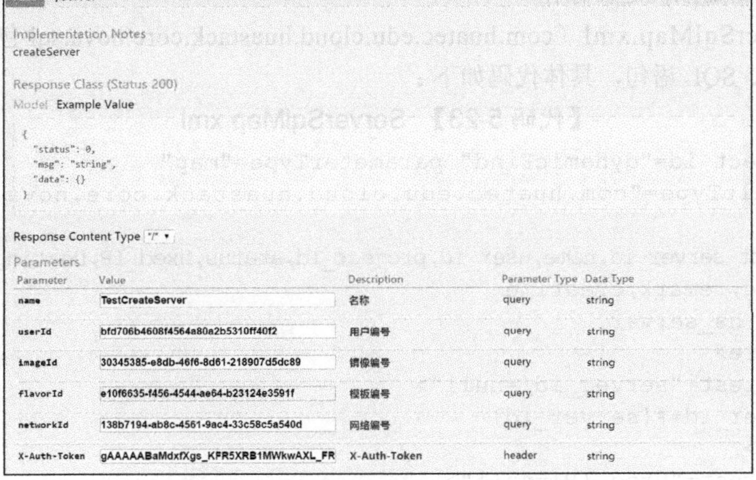

图5-20　Swagger测试创建虚拟机结果1

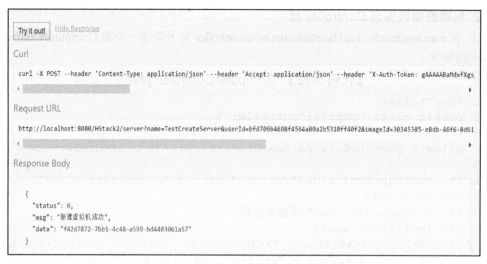

图5-21　Swagger测试创建虚拟机结果2

5.2.2　删除虚拟机功能

删除虚拟机 API 规划见表 5-10。

表5-10　删除虚拟机API规划

功能	前端传参	HTTP方法类型	API设计
删除虚拟机	serverId	DELETE	/server/{serverId}

1. 删除虚拟机 Service 层

4.1.2 节分析了"删除虚拟机"的流程，因此，我们可以总结"删除虚拟机"的业务逻辑，具体如图 5-22 所示。

（1）定义 Dao 层接口的方法

1）先判断虚拟机是否存在

在 ServerSqlMap.xml（com.huatec.edu.cloud.huastack.core.nova.sql 包下）中添加 dynamicFind、SQL 语句，具体代码如下：

【代码 5-23】　ServerSqlMap.xml

```
1 <select id="dynamicFind" parameterType="map"
2 resultType="com.huatec.edu.cloud.huastack.core.nova.entity.Server">
3 select server_id,name,user_id,project_id,status,fixed_IP,floating_IP,
4 config,remark,creatime
5 from hs_server
6 <where>
7 <if test="server_id!=null">
8 server_id=#{server_id}
9 </if>
10 <if test="fixed_IP!=null">
```

```
11 and fixed_IP=#{fixed_IP}
12 </if>
13 <if test="floating_IP!=null">
14 and floating_IP=#{floating_IP}
15 </if>
16 <if test="name!=null">
17 and name=#{name}
18 </if>
19 <if test="user_id!=null">
20 and user_id=#{user_id}
21 </if>
22 </where>
23 </select>
```

在 ServerDao 接口中添加 dynamicFind 方法的定义，具体代码如下：

【代码 5-24】 ServerDao.java

```
Server dynamicFind(Map map);
```

在 TestServerDao 中进行测试（测试代码和上述代码类似，此处不再赘述）。

2）定义删除本地数据库 SQL

在 ServerSqlMap.xml（com.huatec.edu.cloud.huastack.core.nova.sql 包下）中添加 deleteServerById、SQL 语句，具体代码如下：

【代码 5-25】 ServerSqlMap.xml

```
1 <delete id="deleteServerById" parameterType="string">
2   delete from hs_server
3   where server_id=#{server_id}
4 </delete>
```

在 ServerDao 接口中添加 deleteServerById 方法的定义，具体代码如下：

【代码 5-26】 ServerDao.java

```
int deleteServerById(String serverId);
```

在 TestServerDao 中进行测试（测试代码和上述代码类似，此处不再赘述）。

（2）编写 Service 接口和实现类

在 com.huatec.edu.cloud.huastack.core.nova.service 包下新建一个接口 ComputeService 添加删除虚拟机的方法，具体代码如下：

【代码 5-27】 ComputeService.java

```
Result deleteServerById(String tokenId,String serverId);
```

在 com.huatec.edu.cloud.huastack.core.nova.service 包下创建实现类 ComputeServiceImpl，让其实现 ComputeService 接口，具体代码如下：

【代码 5-28】 ComputeServiceImpl.java

```
1 // 删除虚拟机
2 @Override
3 public Result deleteServerById(String tokenId, String serverId) {
4   // 先判断虚拟机是否存在
5   Map<String, Object> map=new HashMap<String,Object>();
```

```
6  map.put("server_id", serverId);
7  Server checkServer=serverDao.dynamicFind(map);
8  if(checkServer==null){
```

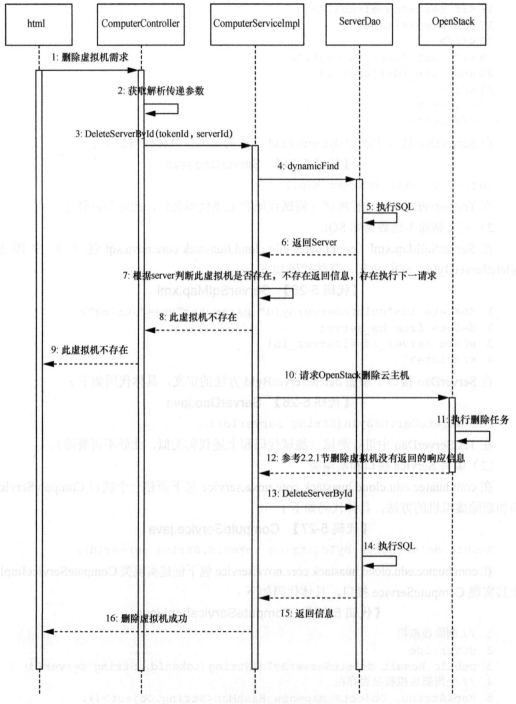

图5-22 删除虚拟机业务逻辑

```
 9 result.setData(1);
10 result.setMsg(" 此虚拟机不存在 ");
11 return result;
12 }
13 Client client=new Client();
14 //http://192.168.14.120:8774/v2.1/servers/{server_id}
15 WebResource webResource=client.resource(APIUtil.getAPI().getNovaAPI()+"/servers/"+serverId);
16 webResource.header("X-Auth-Token", tokenId).delete();
17 // 从本地数据库删除
18 serverDao.deleteServerById(serverId);
19 result.setStatus(0);
20 result.setMsg(" 删除虚拟机成功 ");
21 return result;
22 }
```

（3）测试

在 com.huatec.edu.cloud.huastack.core.nova.test.service 包下新建一个类 TestComputerService，在此类中可对"删除虚拟机"的方法进行测试，具体代码如下：

【代码 5-29】 TestComputerService.java

```
1 @Test
2 public void deleteTest(){
3   Result result=computeService.deleteServerById
4   ("gAAAAABaMcxhoV5O7O_K-S9sUizvkeN0H9LfH3dXD84OCam81-LRRg53ANhorgqeMWSR_BvcdQ5e7wl0GeehwbT1vu2JHlFpeVxG1il9LEIkgEsDuZ8L4UiUOF7n9RSnKEBYuTq2o18jmbB8KleYgwVEBzZtx0JYhrL8UvHXYOGh5iJVgE1B1Gc",
5   "fa7c3b9d-1238-4b0b-a38c-01de08980be8");
6   System.out.println(result);
7 }
```

删除虚拟机测试 Service 层如图 5-23 所示。

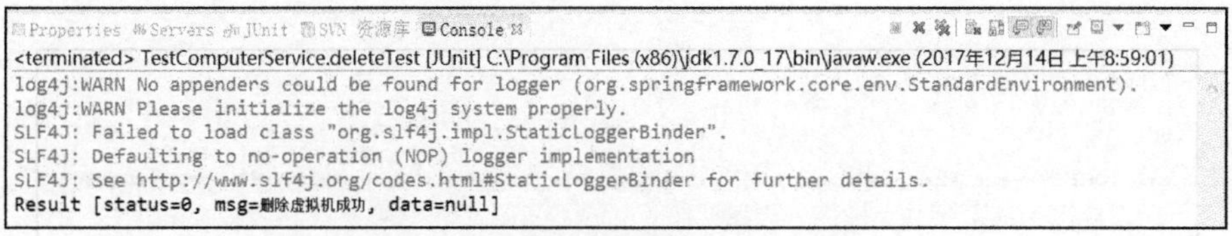

图5-23　删除虚拟机测试Service层

2. 删除虚拟机实现 Controller 层

（1）在 com.huatec.edu.cloud.huastack.core.nova.controller 包下新建一个类 ComputerController，具体代码如下：

【代码 5-30】 ComputerController.java

```
1 @RequestMapping(value="/server/{serverId}",method=RequestMethod.DELETE)
2 @ResponseBody
3 @APIOperation(value=" 删除虚拟机 ")
```

```
 4  @APIImplicitParams({
 5  @APIImplicitParam(name = "X-Auth-Token", value = "X-Auth-
Token", required = true, dataType = "string", paramType = "header")
 6  })
 7  public Result deleteServer(HttpServletRequest request,
 8  @APIParam(value=" 虚拟机编号 ")@PathVariable("serverId") String
serverId){
 9      String tokenId=request.getHeader("X-Auth-Token");
10      Result result=computeService.deleteServerById(tokenId,
serverId);
11 return result;
12 }
```

（2）测试 Swagger，测试结果如图 5-24 和图 5-25 所示。

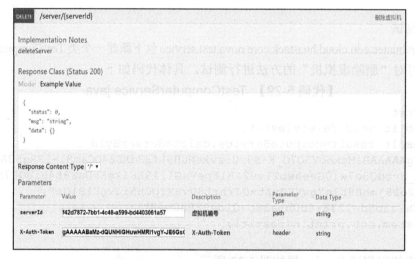

图5-24　Swagger删除虚拟机测试1

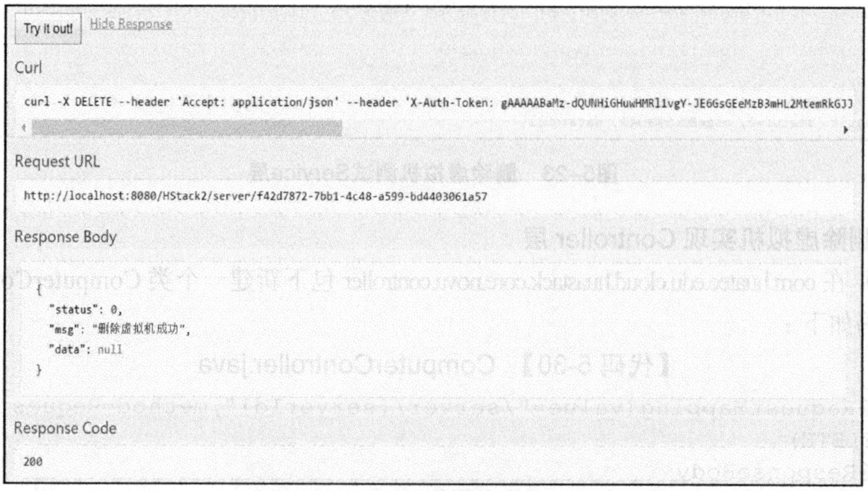

图5-25　Swagger删除虚拟机测试2

5.2.3 绑定浮动IP定时任务

虚拟机新建完成后，我们会定时查看虚拟机的状态，虚拟机在创建过程中的状态为 BUILD、固定 IP 为空，本地数据库中虚拟机状态也为 BUILD。虚拟机创建完成后，当状态为 ACTIVE 时，它将获取固定 IP 信息并存到本地数据库中，还会将本地数据库虚拟机状态更新为 ACTIVE。

1. redis 缓存配置

在配置文件 config 包下新建 redis.properties 文件，把 adminToken 写到缓存中，使用时直接从缓存中提取它，不用再重复请求 OpenStack，以此减轻服务器压力，配置文件代码如下：

【代码 5-31】 redis.properties

```
1  #redis 中心
2  redis.host=localhost
3  redis.port=6379
4  redis.password=
5  redis.maxIdle=100
6  redis.maxActive=300
7  redis.maxWait=1000
8  redis.testOnBorrow=true
9  redis.timeout=100000
```

在配置文件 admin.properties 中添加 floating_IP_pool，具体代码如下：

【代码 5-32】 admin.properties

```
1  # 浮动 IP 池名称
2  floating_IP_pool=provider
```

在 applicationContext.xml 文件中配置 redis，具体代码如下：

【代码 5-33】 applicationContext.Xml

```
1  <!-- 引入 properties 配置文件 -->
2  <bean id="propertyConfigurer"
3  class="org.springframework.beans.factory.config.PropertyPlaceholderConfigurer">
4    <property name="locations">
5      <list>
6        <value>classpath:config/redis.properties</value>
7        <value>classpath:*.properties</value>
8      </list>
9    </property>
10 </bean>
11 <!-- jedis 配置 -->
12 <bean id="poolConfig" class="redis.clients.jedis.JedisPoolConfig">
13   <property name="maxIdle" value="${redis.maxIdle}"/>
14   <property name="maxWaitMillis" value="${redis.maxWait}"/>
15   <property name="testOnBorrow" value="${redis.testOnBorrow}"/>
16 </bean>
```

```xml
17 <!-- jedis 服务器中心 -->
18 <bean id="connectionFactory"
19 class="org.springframework.data.redis.connection.jedis.JedisConnectionFactory">
20 <property name="poolConfig" ref="poolConfig"/>
21 <property name="port" value="${redis.port}"/>
22 <property name="hostName" value="${redis.host}"/>
23 <property name="password" value="${redis.password}"/>
24 <property name="timeout" value="${redis.timeout}"/>
25 <constructor-arg index="0" ref="poolConfig" />
26 </bean>
27 <!-- redis 模板 -->
28 <bean id="redisTemplate" class="org.springframework.data.redis.core.RedisTemplate">
29 <property name="connectionFactory" ref="connectionFactory"/>
30 <property name="keySerializer">
31 <bean class="org.springframework.data.redis.serializer.StringRedisSerializer"/>
32 </property>
33 <property name="valueSerializer">
34 <bean class="org.springframework.data.redis.serializer.JdkSerializationRedisSerializer"/>
35 </property>
36 </bean>
37 <!-- cache 配置 -->
38 <bean id="redisUtil" class="com.huatec.edu.cloud.huastack.utils.redis.RedisUtil">
39 <property name="redisTemplate" ref="redisTemplate"/>
40 </bean>
```

在 com.huatec.edu.cloud.huastack.utils.redis 包下新建工具类 RedisUtils，具体代码如下：

【代码 5-34】 RedisUtils.java

```java
1 private RedisTemplate<Serializable, Object> redisTemplate;
2 public RedisTemplate<Serializable, Object> getRedisTemplate() {
3 return redisTemplate;
4 }
5 public void setRedisTemplate(RedisTemplate<Serializable, Object> redisTemplate) {
6 this.redisTemplate = redisTemplate;
7 }
8 /**
9 * 写入缓存
10 * @param key
11 * @param value
12 * @param i
13 * @return
14 */
15 public boolean set(final String key, Object value, int i) {
```

```
16 boolean result = false;
17 try {
18 ValueOperations<Serializable, Object> operations=
19 redisTemplate.opsForValue();
20 operations.set(key, value);
21 redisTemplate.expire(key, i, TimeUnit.SECONDS);
22 result=true;
23 } catch (Exception e) {
24 e.printStackTrace();
25 }
26 return result;
27 }
28 /**
29  * 写入缓存
30  * @param key
31  * @param value
32  * @return
33  */
34 public boolean set(final String key, Object value) {
35 boolean result = false;
36 try {
37 ValueOperations<Serializable, Object> operations=
38 redisTemplate.opsForValue();
39 operations.set(key, value);
40 result=true;
41 } catch (Exception e) {
42 e.printStackTrace();
43 }
44 return result;
45 }
46 /**
47  * 读取缓存
48  * @param key
49  * @return
50  */
51 public Object get(final String key) {
52 Object result = null;
53 ValueOperations<Serializable, Object> operations=
54 redisTemplate.opsForValue();
55 result=operations.get(key);
56 return result;
57 }
58 // 判断缓存中是否有对应的 value
59 public boolean exists(final String key) {
60 return redisTemplate.hasKey(key);
61 }
62 // 删除对应的 value
63 public void remove(final String key) {
64 if(exists(key)){
```

```
65 redisTemplate.delete(key);
66 }
67 }
68 // 批量删除 key
69 public void removePattern(final String pattern) {
70 Set<Serializable> keys=redisTemplate.keys(pattern);
71 if(keys.size()>0){
72 redisTemplate.delete(keys);
73 }
74 }
75 // 批量删除对应的 value
76 public void remove(final String... keys) {
77 for(String key:keys){
78 remove(key);
79 }
80 }
```

在 om.huatec.edu.cloud.huastack.utils.redis 包下新建测试类 TestRedis,测试 redis 是否配置成功,具体代码如下:

【代码 5-35】 TestRedis.java

```
1  String conf="config/applicationContext.xml";
2  ApplicationContext ac=new ClassPathXmlApplicationContext(conf);
3  RedisUtil redisUtil=ac.getBean("redisUtil",RedisUtil.class);
4  // 写入 redis 缓存
5  @Test
6  public void test1(){
7  redisUtil.set("test_1", "123456");
8  }
9  // 测试从缓存中提取数据
10 @Test
11 public void test2(){
12 String s=(String) redisUtil.get("test_1");
13 System.out.println(s);
14 }
```

测试结果如图 5-26 所示。

```
Properties  Servers  JUnit  SVN 资源库  Console
<terminated> TestRedis.test2 (1) [JUnit] C:\Program Files (x86)\jdk1.7.0_17\bin\javaw.exe (2018年1月10日 下午3:28:06)
log4j:WARN No appenders could be found for logger (org.springframework.core.env.StandardEnvironment).
log4j:WARN Please initialize the log4j system properly.
SLF4J: Failed to load class "org.slf4j.impl.StaticLoggerBinder".
SLF4J: Defaulting to no-operation (NOP) logger implementation
SLF4J: See http://www.slf4j.org/codes.html#StaticLoggerBinder for further details.
123456
```

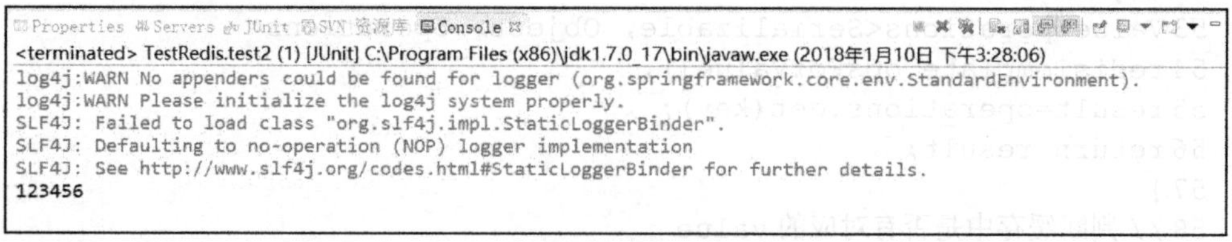

图5-26 测试

2. 绑定浮动 IP 定时任务的业务流程

"虚拟机绑定浮动 IP"业务逻辑见表 5-11。

表5-11 "虚拟机绑定浮动IP"业务逻辑

业务逻辑	① adminToken被设置为一小时刷新一次（OpenStack上token为每小时刷新一次），要保证token不能过期； ② 本地数据库查询所有虚拟机，查询出虚拟机为list集合类型； ③ 循环遍历，根据server_id，获取数据库中server信息； ④ 根据server_id，获取OpenStack上的server信息； ⑤ 判断OpenStack中server的状态，如果是active状态，获取固定IP并更新本地数据库信息保存固定IP； ⑥ 对比OpenStack上的server状态，更新server状态并保存到本地数据库

（1）编写实体类

① 在 com.huatec.edu.cloud.huastack.core.nova.entity.biref 创建实体类 BriefSubnet（文件名：BriefSubnet.java），具体代码如下：

【代码5-36】 BriefSubnet.java

```
1 public class BriefSubnet implements Serializable{
2 private String subnet_id;
3 private String start_IP;
4 private String end_IP;
5 public String getSubnet_id() {
6 return subnet_id;
7 }
8 public void setSubnet_id(String subnet_id) {
9 this.subnet_id = subnet_id;
10 }
11 public String getStart_IP() {
12 return start_IP;
13 }
14 }
```

② 在 com.huatec.edu.cloud.huastack.core.nova.entity 中创建实体类 Network（文件名：Network.java），具体代码如下：

【代码5-37】 Network.java

```
1 public class Network implements Serializable{
2 private String network_id;
3 private String name;
4 private String status;
5 private Integer type;//0：外网，1：内网
6 private Timestamp creatime;
7 // 关联属性
8 private BriefSubnet briefSubnet;
9 public BriefSubnet getBriefSubnet() {
10 return briefSubnet;
11 }
12 public void setBriefSubnet(BriefSubnet briefSubnet) {
13 this.briefSubnet = briefSubnet;
```

```
14 }
15 // 其他 get、set 方法及 tostring 方法省略
16 }
```

(2) 编写工具类

在 com.huatec.edu.cloud.huastack.core.nova.util 包下的 NovaResponseUtil 工具类里定义方法 getServerIp 和 getServerById，这些方法用于解析 OpenStack 返回响应，获取需要的 server 信息，具体代码如下：

【代码 5-38】 NovaResponseUtil.java

```
1 // 解析响应（加载虚拟机 IP 的 API）回来的 json
2 public static String getServerIp(String response,String networkName){
3 JSONObject resultJson=JSONObject.fromObject(response);
4 String addresses=resultJson.getString("addresses");
5 JSONObject addressesJson=JSONObject.fromObject(addresses);
6 String networks=addressesJson.getString(networkName);
7 String serverIp="";
8 try {
9 JSONArray jsonArray=new JSONArray(networks);
10 for(int i=0;i<jsonArray.length();i++){
11 org.codehaus.jettison.json.JSONObject object=jsonArray.getJSONObject(i);
12 if(object.getString("addr")!=null){
13 serverIp=object.getString("addr");
14 }
15 }
16 }catch (JSONException e) {
17 // TODO Auto-generated catch block
18 e.printStackTrace();
19 }
20 return serverIp;
21 }
22 // 解析响应（根据 id 加载虚拟机的 API）的嵌套 json
23 public static Server getServerById(String response){
24 JSONObject resultJson=JSONObject.fromObject(response);
25 String server=resultJson.getString("server");
26 JSONObject serverJson=JSONObject.fromObject(server);
27 String userId=serverJson.getString("user_id");
28 String projectId=serverJson.getString("tenant_id");
29 String status=serverJson.getString("status");
30 Server resultServer=new Server();
31 resultServer.setUser_id(userId);
32 resultServer.setProject_id(projectId);
33 resultServer.setStatus(status);
34 return resultServer;
35 }
```

(3) 定义 Dao 层接口的方法

① 在 ServerSqlMap.xml（com.huatec.edu.cloud.huastack.core.nova.sql 包下）中添加

findAll、dynamicFind、dynamicUpdate、SQL 语句，具体代码如下：

【代码 5-39】 ServerSqlMap.xml

```xml
 1 <select id="findAll"
 2 resultType="com.huatec.edu.cloud.huastack.core.nova.entity.Server">
 3 select server_id,name,user_id,project_id,status,fixed_IP,floating_IP,
 4 config,remark,creatime
 5 from hs_server
 6 </select>
 7 <select id="dynamicFind" parameterType="map"
 8 resultType="com.huatec.edu.cloud.huastack.core.nova.entity.Server">
 9 select server_id,name,user_id,project_id,status,fixed_IP,floating_IP,
10 config,remark,creatime
11 from hs_server
12 <where>
13 <if test="server_id!=null">
14 server_id=#{server_id}
15 </if>
16 <if test="fixed_IP!=null">
17 and fixed_IP=#{fixed_IP}
18 </if>
19 <if test="floating_IP!=null">
20 and floating_IP=#{floating_IP}
21 </if>
22 <if test="name!=null">
23 and name=#{name}
24 </if>
25 <if test="user_id!=null">
26 and user_id=#{user_id}
27 </if>
28 </where>
29 </select>
30 <update id="dynamicUpdate"
31 parameterType="com.huatec.edu.cloud.huastack.core.nova.entity.Server">
32 update hs_server
33 <set>
34 <if test="name!=null">
35 name=#{name},
36 </if>
37 <if test="status!=null">
38 status=#{status},
39 </if>
40 <if test="fixed_IP!=null">
41 fixed_IP=#{fixed_IP},
42 </if>
```

```
43 <if test="floating_IP!=null">
44 floating_IP=#{floating_IP},
45 </if>
46 <if test="remark!=null">
47 remark=#{remark}
48 </if>
49 </set>
50 where server_id=#{server_id}
51 </update>
```

在 ServerDao 接口中添加 findAll、dynamicUpdate 和 dynamicFind 方法的定义,具体代码如下:

【代码 5-40】 ServerDao.java

```
1 List<Server> findAll();
2 Server dynamicFind(Map map);
3 int dynamicUpdate(Server server);
```

在 TestServerDao 中进行测试(测试代码和上述代码类似,此处不再赘述)。

② 在 ServerCreateSqlMap.xml(com.huatec.edu.cloud.huastack.core.nova.sql 包下)中添加 findByServerId、SQL 语句,具体代码如下:

【代码 5-41】 ServerCreateSqlMap.xml

```
1 <select id="findByServerId" parameterType="string"
2 resultType="com.huatec.edu.cloud.huastack.core.nova.entity.
ServerCreate">
3   select id,server_id,image_id,network_id,flavor_id,creatime
4   from hs_server_create
5   where server_id=#{server_id}
6 </select>
```

在 ServerCreateDao 接口中添加 findByServerId 方法的定义,具体代码如下:

【代码 5-42】 ServerCreateDao.java

```
ServerCreate findByServerId(String serverId);
```

在 TestServerCreateDao 中进行测试(测试代码和上述代码类似,此处不再赘述)。

③ 在 NetworkSqlMap.xml(com.huatec.edu.cloud.huastack.core.nova.sql 包下)中添加 findById,SQL 语句,具体代码如下:

【代码 5-43】 NetworkSqlMap.xml

```
1 <select id="findById" parameterType="string"
2 resultType="com.huatec.edu.cloud.huastack.core.nova.entity.Network">
3   select network_id,name,status,type,creatime
4   from hs_network
5   where network_id=#{network_id}
6 </select>
```

在 NetworkDao 接口中添加 findById 方法的定义,具体代码如下:

【代码 5-44】 NetworkDao.java

```
Network findById(String network_id)
```

在 TestNetworkDao 中进行测试(测试代码和上述代码类似,此处不再赘述)。

（4）定义 service 接口和实现类

我们在 ComputerService 层定义了方法 loadServerById，该方法根据 id 加载虚拟机详细信息（查询 OpenStack 中的 server 信息）；定义了方法 loadServerIp，该方法请求 Openstack 加载虚拟机 IP 地址。

① 在 com.huatec.edu.cloud.huastack.core.nova.service 包下的 ComputeService 中定义了方法 loadServerById 和 loadServerIp，具体代码如下：

【代码 5-45】 ComputeService.java

```
1 // 根据id加载虚拟机详细信息
2 Result loadServerById(String tokenId, String serverId);
3 // 加载虚拟机IP地址
4 Result loadServerIp(String tokenId,String serverId,String networkId);
```

② 在 com.huatec.edu.cloud.huastack.core.nova.service 包下创建 ComputeServiceImpl 实现类，以实现 ComputeService 接口，具体代码如下：

【代码 5-46】 ComputeServiceImpl.java

```
// 根据id加载虚拟机详情
public Result loadServerById(String tokenId, String serverId){
// 构建jersey客户端
Client client=Client.create();
// http://IP:8774/v2.1/servers/{server_id}
WebResource webResource=
client.resource(APIUtil.getAPI().getNovaAPI()+"/servers/"+serverId);
String response = webResource.
header("X-Auth-Token", tokenId).get(String.class);
Server server=NovaResponseUtil.getServerById(response);
result.setStatus(0);
result.setMsg("加载虚拟机详情成功");
result.setData(server);
return result;
}
// 加载虚拟机IP地址
public Result loadServerIp(String tokenId, String serverId,
String networkId) {
// 构建jersey客户端
Client client=Client.create();
// http://IP:8774/v2.1/servers/{server_id}/ips
WebResource webResource=
client.resource(APIUtil.getAPI().getNovaAPI()+"/servers/"
+serverId+"/ips");
String response = webResource.
header("X-Auth-Token", tokenId).get(String.class);
Network network=networkDao.findById(networkId);
String networkName=network.getName();
String serverIp=NovaResponseUtil.getServerIp(response,networkName);
result.setStatus(0);
result.setMsg("加载虚拟机IP成功");
result.setData(serverIp);
```

```
return result;
}
```

（5）定时任务的实现

① 在 com.huatec.edu.cloud.huastack.utils.job 包下创建工具类 CheckServerStatusJob（文件名：CheckServerStatusJob.java），具体代码如下：

【代码 5-47】 CheckServerStatusJob.java

```
1  @Repository
2  public class CheckServerStatusJob {
3  @Resource
4  private ComputeService computeService;
5  @Resource
6  private ServerDao serverDao;
7  @Resource
8  private ServerCreateDao serverCreateDao;
9  @Resource
10 private RedisUtil redisUtil;
11 private String adminPwd=HSUtil.getAdminPwd();
12 private String adminToken;
13 private String tenantId;
14 public void execute(){
15 // 设置adminToken每一小时刷新一次
16 adminToken=(String) redisUtil.get("admin_token");
17 tenantId=(String) redisUtil.get("tenant_id");
18 if(adminToken==null||tenantId==null){
19 Map map=UserUtil.getAdminToken(adminPwd);
20 String adminToken=map.get("adminTokenId").toString();
21 String projectId=map.get("tenantId").toString();
22 redisUtil.set("admin_token", adminToken,3600);
23 redisUtil.set("tenant_id", projectId,3600);
24 }
25 List<Server> servers=serverDao.findAll();
26 for(Server server:servers){
27 String serverId=server.getServer_id();
28 // 获取数据库中server信息
29 Map<String,Object> checkMap=new HashMap<String,Object>();
30 checkMap.put("server_id", serverId);
31 Server checkServer=serverDao.dynamicFind(checkMap);
32 // 获取OpenStack中server信息
33 Result result=computeService.loadServerById(adminToken, serverId);
34 Server s=(Server) result.getData();
35 String status=s.getStatus();
36 System.out.println(" 状态 "+status);
37 // 如果是active状态,获取虚拟机IP地址
38 if("ACTIVE".equals(status)&&"".equals(server.getFixed_IP())){
39 System.out.println(" 获取虚拟机IP地址 ");
40 ServerCreate sc=serverCreateDao.findByServerId(serverId);
41 String networkId=sc.getNetwork_id();
```

```
42 System.out.println(networkId);
43 Result  ipResult=computeService.loadServerIp(adminToken,
serverId, networkId);
44 String fixIp=(String) ipResult.getData();
45 System.out.println("固定 IP"+fixIp);
46 Server updateServer1=new Server();
47 updateServer1.setServer_id(serverId);
48 updateServer1.setFixed_IP(fixIp);
49 serverDao.dynamicUpdate(updateServer1);
50 }
51 // 对比 server 状态
52 if(!checkServer.getStatus().equals(status)){
53 serverDao.dynamicUpdate(updateServer2);
54 }
55 erver updateServer2=new Server();
56 updateServer2.setServer_id(serverId);
57 updateServer2.setStatus(s.getStatus());
58 }
59 }
60 }
```

② 在 applicationContext.xml 配置文件中配置定时任务，定时任务的配置，具体代码如下：

【代码 5-48】 applicationContext.xml

```xml
<!-- 使用 MethodInvokingJobDetailFactoryBean,任务类可以不实现 Job 接口，
通过 targetMethod 指定调用方法 -->
<bean id="job" class="com.huatec.edu.cloud.huastack.utils.job.
CheckServerStatusJob"/>
<bean id="jobMethod"
class="org.springframework.scheduling.quartz.MethodInvokingJobDet
ailFactoryBean">
<property name="targetObject" ref="job"/>
<!-- 要执行的方法名称 -->
<property name="targetMethod" value="execute"/>
</bean>
<bean id="jobMethod2"
class="org.springframework.scheduling.quartz.MethodInvokingJobDet
ailFactoryBean">
<property name="targetObject" ref="job"/>
<!-- 要执行的方法名称 -->
<property name="targetMethod" value="execute2"/>
</bean>
<!-- 调度触发器 -->
<bean id="cronTriggerBean"
class="org.springframework.scheduling.quartz.CronTriggerFactoryBean">
<property name="jobDetail" ref="jobMethod"/>
<!-- 2 秒触发一次 -->
<property name="cronExpression" value="0/2 * * * * ?"/>
</bean>
```

```xml
<bean id="cronTriggerBean2"
class="org.springframework.scheduling.quartz.CronTriggerFactoryBean">
<property name="jobDetail" ref="jobMethod2"/>
<!-- 1秒触发一次 -->
<property name="cronExpression" value="0/1 * * * * ?"/>
</bean>
<!-- 调度工厂 -->
<bean id="springJobSchedulerFactoryBean"
class="org.springframework.scheduling.quartz.SchedulerFactoryBean">
<property name="triggers">
<list>
<ref bean="cronTriggerBean"/>
<ref bean="cronTriggerBean2"/>
</list>
</property>
</bean>
```

定时任务配置成功后，我们可以进行下一步操作，即给虚拟机绑定浮动IP。

5.2.4 虚拟机绑定浮动IP

虚拟机绑定浮动 IP 的 API 规划见表 5-12。

表5–12 虚拟机绑定浮动IP的API规划

功能	前端传参	HTTP方法类型	API设计
虚拟机绑定浮动IP	ServerId,TokenId	POST	/network/floatingip

1. 虚拟机绑定浮动 IP Service 层

（1）编写实体类

在 com.huatec.edu.cloud.huastack.core.nova.entity 包下创建实体类 floatingIP、port 和 network（文件名：floatingIP.java、port.java、network.java），具体代码如下：

【代码 5-49】 floatingIP.java

```
1 private String floating_id;
2 private String floating_IP;
3 private String fix_IP;
4 private String server_id;
5 private Timestamp creatime;
6 //get、set及tostring方法略
```

具体代码如下：

【代码 5-50】 port.java

```
1 private String port_id;
2 private String fixed_IP;
3 private String network_id;
4 private Timestamp creatime;
5 //get、set及tostring方法略
```

具体代码如下：

【代码 5-51】 network.java

```
1 private String network_id;
2 private String name;
3 private String status;
4 private Integer type;//0：外网，1：内网
5 private Timestamp creatime;
6 //get、set 及 tostring 方法略
```

（2）构建绑定浮动 IP 的请求参数

构建绑定浮动 IP 请求 OpenStack 的 API 首先要构建请求参数。参考 2.3.1 节 Server API 分析中的构建绑定浮动 IP，请求参数如下：

{"floatingIP":{"fixed_IP_address":"1.1.2.3","floating_network_id":"fni123","port_id":"p123"}}

在 com.huatec.edu.cloud.huastack.core.nova.param.network 包下新建 AddFloatingIP 和 ParamAddFloatingIP（文件名：AddFloatingIP.java、ParamAddFloatingIP.java），具体代码如下：

【代码 5-52】 AddFloatingIP.java

```
1 public class AddFloatingIP implements Serializable{
2 private String floating_network_id;
3 private String port_id;
4 private String fixed_IP_address;
5 //get、set 及 tostring 方法略
6 }
```

具体代码如下：

【代码 5-53】 ParamAddFloatingIP.java

```
1  public class ParamAddFloatingIP implements Serializable{
2  private AddFloatingIP floatingIP;
3  public AddFloatingIP getFloatingIP() {
4  return floatingIP;
5  }
6  public void setFloatingip(AddFloatingip floatingip) {
7  this.floatingip = floatingip;
8  }
9  @Override
10 public String toString() {
11 return "ParamAddFloatingip [floatingip=" + floatingip + "]";
12 }
13 }
```

测试在 com.huatec.edu.cloud.huastack.core.nova.test.param 包下新建的测试类 TestNetwork（文件名：TestNetwork.java），具体代码如下：

【代码 5-54】 TestNetwork.java

```
1 public class TestNetwork {
2 @Test
3 public void test1(){
```

```
4 AddFloatingip fi=new AddFloatingip();
5 fi.setFloating_network_id("fni123");
6 fi.setFixed_IP_address("1.1.2.3");
7 fi.setPort_id("p123");
8 ParamAddFloatingip pafi=new ParamAddFloatingip();
9 pafi.setFloatingip(fi);
10 JSONObject jpafi=JSONObject.fromObject(pafi);
11 System.out.println(jpafi);
12 }
13 }
```

构建浮动 IP 请求参数测试如图 5-27 所示。

```
<terminated> TestNetwork.test1 (1) [JUnit] C:\Program Files (x86)\jdk1.7.0_17\bin\javaw.exe (2017年12月18日 下午9:16:37)
log4j:WARN No appenders could be found for logger (org.apache.commons.beanutils.converters.Boole
log4j:WARN Please initialize the log4j system properly.
{"floatingip":{"fixed_ip_address":"1.1.2.3","floating_network_id":"fni123","port_id":"p123"}}
```

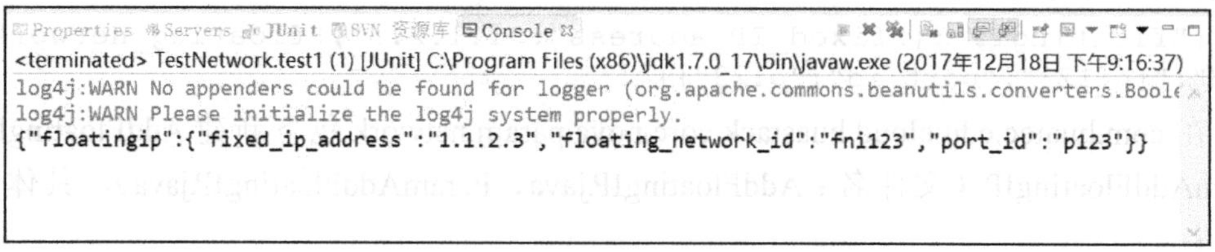

图5-27 构建浮动IP请求参数测试

（3）工具类 HSUtil

在 com.huatec.edu.cloud.huastack.core.nova.utils 包下的 HSUtil 工具类中添加 getFloatingIpPool 方法，该方法获取 admin.properties 配置文件中浮动 IP 池信息，具体代码如下：

【代码 5-55】 HSUtil.java

```
1 // 获取浮动 IP 池的名称
2 public static String getFloatingIpPool(){
3 String floatingIpPool="";
4 try {
5 Properties prop=new Properties();
6 InputStream is=HSUtil.class.getClassLoader().getResourceAsStream
("config/admin.properties");
7 prop.load(is);
8 floatingIpPool=prop.getProperty("floating_IP_pool");
9 } catch (IOException e) {
10 e.printStackTrace();
11 System.out.println("加载配置文件失败 "+e);
12 }
```

（4）实现 Service 层

虚拟机绑定浮动 IP 的业务逻辑如图 5-28 所示。

2. 定义 Dao 层接口的方法

① 在 serverSqlMap.xml（com.huatec.edu.cloud.huastack.core.nova.sql 包下）中添加 dynamicFind、SQL 语句，具体代码如下：

项目5 云平台虚拟机服务功能开发

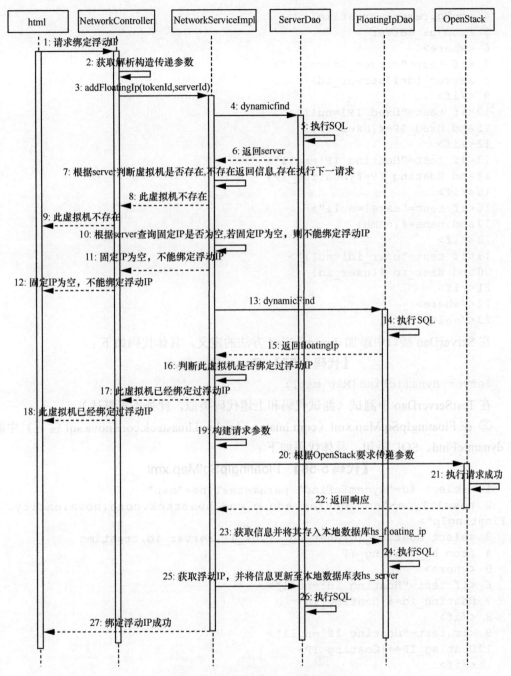

图5-28 "绑定浮动IP"业务逻辑

【代码5-56】 serverSqlMap.xml

```
1 <select id="dynamicFind" parameterType="map"
2 resultType="com.huatec.edu.cloud.huastack.core.nova.entity.Server">
3 elect server_id,name,user_id,project_id,status,fixed_IP,floating_IP,
```

203

```
 4  config,remark,creatime
 5  from hs_server
 6  <where>
 7  <if test="server_id!=null">
 8  server_id=#{server_id}
 9  </if>
10  <if test="fixed_IP!=null">
11  and fixed_IP=#{fixed_IP}
12  </if>
13  <if test="floating_IP!=null">
14  and floating_IP=#{floating_IP}
15  </if>
16  <if test="name!=null">
17  and name=#{name}
18  </if>
19  <if test="user_id!=null">
20  and user_id=#{user_id}
21  </if>
22  </where>
23  </select>
```

在 ServerDao 接口中添加 dynamicFind 方法的定义,具体代码如下:

【代码 5-57】 ServerDao.java

```
Server dynamicFind(Map map);
```

在 TestServerDao 中测试(测试代码和上述代码类似,此处不再赘述)。

② 在 FloatingIpSqlMap.xml(com.huatec.edu.cloud.huastack.core.nova.sql 包下)中添加 dynamicFind、SQL 语句,具体代码如下:

【代码 5-58】 FloatingIpSqlMap.xml

```
 1  <select id="dynamicFind" parameterType="map"
 2  resultType="com.huatec.edu.cloud.huastack.core.nova.entity.FloatingIp">
 3  select floating_id,floating_IP,fix_IP,server_id,creatime
 4  from hs_floating_IP
 5  <where>
 6  <if test="floating_id!=null">
 7  floating_id=#{floating_id}
 8  </if>
 9  <if test="floating_IP!=null">
10  floating_IP=#{floating_IP}
11  </if>
12  <if test="fix_IP!=null">
13  fix_IP=#{fix_IP}
14  </if>
15  <if test="server_id!=null">
16  server_id=#{server_id}
17  </if>
18  </where>
19  </select>
```

```
20 <insert id="save" parameterType="com.huatec.edu.cloud.huastack.
core.nova.entity.FloatingIp">
21 insert into hs_floating_IP
22 (floating_id,floating_IP,fix_IP,server_id,creatime)
23 values(#{floating_id},#{floating_IP},#{fix_IP},#{server_
id},#{creatime})
24 </insert>
```

在 FloatingIpDao 接口中添加 dynamicFind 方法的定义，具体代码如下：

【代码 5-59】 FloatingIpDao.java

```
FloatingIp dynamicFind(Map map);
```

在 TestFloatingIpDao 中进行测试（测试代码和上述代码类似，此处不再赘述）。

③ 在 PortSqlMap.xml（com.huatec.edu.cloud.huastack.core.nova.sql 包下）中添加 findByFixedIp，SQL 语句，具体代码如下：

【代码 5-60】 PortSqlMap.xml

```
1 <select id="findByFixedIp" parameterType="string"
2 resultType="com.huatec.edu.cloud.huastack.core.nova.entity.Port">
3   select port_id,fixed_IP,network_id,creatime
4   from hs_port
5   where fixed_IP=#{fixed_IP}
6 </select>
```

在 PortDao 接口中添加 dynamicFind 方法的定义，具体代码如下：

【代码 5-61】 PortDao.java

```
FloatingIp dynamicFind(Map map);
```

在 TestPortDao 中进行测试（测试代码和上述代码类似，此处不再赘述）。

④ NetworkSqlMap.xml（com.huatec.edu.cloud.huastack.core.nova.sql 包下）中添加 findByName、SQL 语句，具体代码如下：

【代码 5-62】 NetworkSqlMap.xml

```
1 <select id="findByName" parameterType="string"
2 resultType="com.huatec.edu.cloud.huastack.core.nova.entity.
Network">
3   select network_id,name,status,type,creatime
4   from hs_network
5   where name=#{name}
6 </select>
```

在 NetworkDao 接口中添加 findByName 方法的定义，具体代码如下：

【代码 5-63】 NetworkDao.java

```
Network findByName(String name);
```

在 TestNetworkDao 中测试（测试代码和上述代码类似，此处不再赘述）。

⑤ 在 ServerSqlMap.xml（com.huatec.edu.cloud.huastack.core.nova.sql 包下）中添加 dynamicUpdate、SQL 语句，具体代码如下：

【代码 5-64】 ServerSqlMap.xml

```
1 <update id="dynamicUpdate"
```

```
 2 parameterType="com.huatec.edu.cloud.huastack.core.nova.entity.
Server">
 3 update hs_server
 4 <set>
 5 <if test="name!=null">
 6 name=#{name},
 7 </if>
 8 <if test="status!=null">
 9 status=#{status},
10 </if>
11 <if test="fixed_IP!=null">
12 fixed_IP=#{fixed_IP},
13 </if>
14 <if test="floating_IP!=null">
15 floating_IP=#{floating_IP},
16 </if>
17 <if test="remark!=null">
18 remark=#{remark}
19 </if>
20 </set>
21 where server_id=#{server_id}
22 </update>
```

在 ServerDao 接口中添加 dynamicUpdate 方法的定义，具体代码如下：

【代码 5-65】 ServerDao.java

```
int dynamicUpdate(Server server);
```

在 TestServerDao 中测试（测试代码和上述代码类似，此处不再赘述）。

3. 编写 Service 接口和实现类

① 在 com.huatec.edu.cloud.huastack.core.nova.service 包下创建接口 NetworkService，该接口定义绑定浮动 IP 方法，具体代码如下：

【代码 5-66】 NetworkService.java

```
Result addFloatingIp(String tokenId,String serverId);
```

② 在 com.huatec.edu.cloud.huastack.core.nova.service 包下创建实现类 NetworkServiceImpl，该类实现 NetworkService 接口，具体代码如下：

【代码 5-67】 NetworkServiceImpl.java

```
@Override
  public Result addFloatingIp(String tokenId, String serverId) {
       Result result=new Result();
// 构建请求参数
Map<String, Object> map=new HashMap<String, Object>();
map.put("server_id", serverId);
// 判断虚拟机是否存在
Server checkServer=serverDao.dynamicFind(map);
if(checkServer==null){
 result.setStatus(1);
 result.setMsg("不存在此虚拟机");
```

```java
        return result;
    }
    // 获取fixedIp
    String fixedIp=checkServer.getFixed_IP();
    if("".equals(fixedIp)){
    result.setStatus(1);
    result.setMsg("固定IP为空,不能绑定浮动IP");
    return result;
    }
    // 判断是否绑定过浮动IP
    FloatingIp checkFi=floatingIpDao.dynamicFind(map);
    if(checkFi!=null){
    result.setStatus(1);
    result.setMsg("此虚拟机已经绑定过浮动IP");
    return result;
    }
    // 根据fixedIP获取portId
    Port port=portDao.findByFixedIp(fixedIp);
    String portId=port.getPort_id();
    // 获取外部网络ID
    Network network=networkDao.findByName(HSUtil.getHSInfo().
get("floatingIpPool").toString());
    String floatingNetworkId=network.getNetwork_id();
    // 构建请求参数
    AddFloatingip afi=new AddFloatingip();
    afi.setFixed_IP_address(fixedIp);
    afi.setFloating_network_id(floatingNetworkId);
    afi.setPort_id(portId);
    ParamAddFloatingip pafi=new ParamAddFloatingip();
    pafi.setFloatingip(afi);
    JSONObject jpafi=JSONObject.fromObject(pafi);
    // 构建jersey客户端
    Client client=Client.create();
    // http://IP:9696/v2.0/floatingips post
    WebResource webResource=
client.resource(APIUtil.getAPI().getNeutronAPI()+"/floatingips");
    String  response=webResource.entity(jpafi.toString()).
header("X-Auth-Token", tokenId).
    type(MediaType.APPLICATION_JSON).post(String.class);
    // 将浮动IP信息存入hs_floating_IP表
    FloatingIp fi=NovaResponseUtil.getFloating(response);
    fi.setFix_IP(fixedIp);
    fi.setServer_id(serverId);
    fi.setCreatime(null);
    floatingIpDao.save(fi);
    // 更新hs——server表
    Server updateServer=new Server();
    updateServer.setServer_id(serverId);
    updateServer.setFloating_IP(fi.getFloating_IP());
```

```
    serverDao.dynamicUpdate(updateServer);
    result.setData(0);
    result.setMsg("绑定浮动 IP 成功 ");
    return result;
}
```

4. 测试

在 com.huatec.edu.cloud.huastack.core.nova.test.service 包下新建一个类 TestNetworkService，此类测试"绑定浮点 IP"的方法，具体代码如下：

【代码 5-68】 TestNetworkService.java

```
1  @Test
2  public void test(){
3   String tokenId="gAAAAABaOOIpUCA2b0-FHQFBeyjIpWbL7CY7mI
is1M1EGc2TTIGKjARVPBQ1ruSUFfvQjLy93_eJTg1a12Ohj1I37vjLSqG
68SQUAP9nGAqy4AECDmlsaVXCPhQo9P0bPP4G7sng9cisOA__UKeXU9kBS-
HlW4xMXdGqFCY4s7t_34BZ1ncYFKY";
4   String serverId="87d0bb0f-6c8c-43d8-834d-e98b82312f7e";
5   Result result=networkService.addFloatingIp(tokenId, serverId);
6   System.out.println(result);
7  }
```

绑定浮动 IP 测试 Service 层如图 5-29 所示。

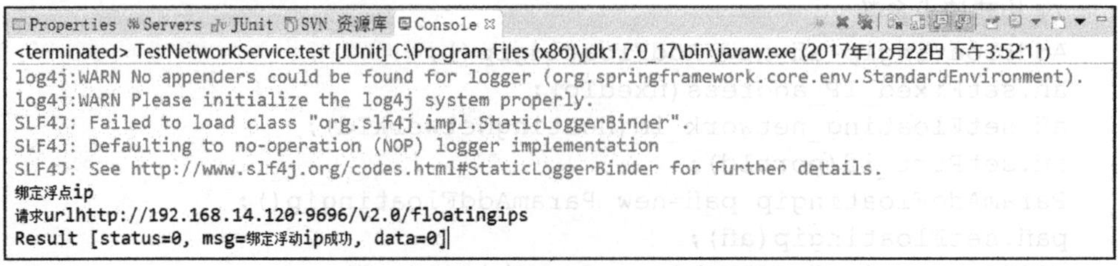

```
绑定浮点ip
请求url http://192.168.14.120:9696/v2.0/floatingips
Result [status=0, msg=绑定浮动ip成功, data=0]
```

图5-29 绑定浮动IP测试Service层

5. 实现 Controller 层

Network 实现 Controller 层具体代码如下：

【代码 5-69】 NetworkController.java

```
1  在 com.huatec.edu.cloud.huastack.core.nova.controller 包下新建一个
类 NetworkController, 其代码如下：
2  @RequestMapping(value="/floatingip",method=RequestMethod.POST)
3  @ResponseBody
4  @APIOperation(value=" 绑定浮动 IP")
5  @APIImplicitParams({
6  @APIImplicitParam(name = "X-Auth-Token", value = "X-Auth-Token",
required = true, dataType = "string", paramType = "header"),
7  })
8  public Result addFloatingIp(HttpServletRequest request,
9  @APIParam(value=" 虚拟机编号 ")@RequestParam("serverId") String
serverId){
10 String tokenId=request.getHeader("X-Auth-Token");
```

```
11 Result result=networkService.addFloatingIp(tokenId, serverId);
12 return result;
13 }
```

测试 Swagger，测试结果如图 5-30、图 5-31 所示。

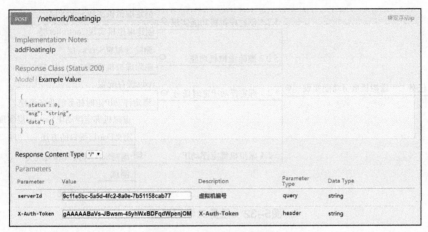

图5-30　Swagger测试1

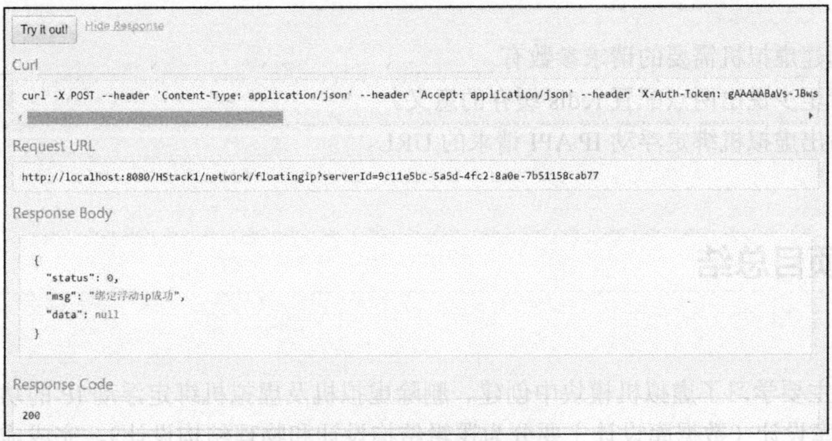

图5-31　Swagger测试2

5.2.5　任务回顾

 知识点总结

① 创建虚拟机功能 Service 层的实现。
② 删除虚拟机功能 Service 层的实现。
③ redis 缓存的配置及定时任务功能的实现。
④ 虚拟机绑定浮动 IP 功能的 Service 实现层。

📑 **学习足迹**

任务二学习足迹如图 5-32 所示。

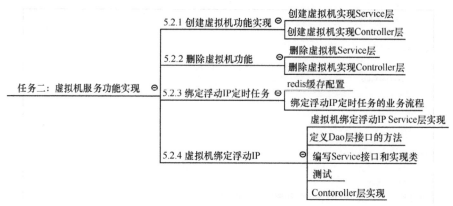

图5-32　任务二学习足迹

📝 **思考与练习**

1. 创建虚拟机需要的请求参数有 _____、_____、_____、_____、_____。
2. 请至少说出两点配置 redis 缓存的意义。
3. 写出虚拟机绑定浮动 IP API 请求的 URL。

5.3　项目总结

我们主要学习了虚拟机模块中创建、删除虚拟机及虚拟机绑定浮动 IP 的功能需求分析和数据库设计（数据库设计主要分为逻辑结构设计和物理结构设计），完成虚拟机模块功能的具体实现。

通过本项目的学习，我们提高了逻辑分析能力和软件开发能力，项目 5 技能图谱如图 5-33 所示。

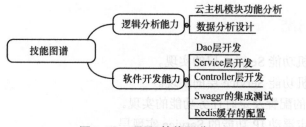

图5-33　项目5技能图谱

5.4 拓展训练

自主分析：虚拟机模块，创建虚拟机快照 API 的开发
◆ 要求：
根据 5.1 虚拟机的需求分析与数据库设计，完成创建虚拟机快照的接口功能实现，集成 Swagger 测试。
① 首先规划请求创建快照的 API。
② 代码整洁、逻辑清晰。
③ 完成业务逻辑代码后需进行测试。
◆ 格式要求：使用 eclipse 开发工具，业务流程采用表格的形式展示。
◆ 考核方式：采取提交代码，分组进行测试评分，时间要求 15~20 分钟。
◆ 评估标准：见表 5-13。

表5-13 拓展训练评估表

项目名称： 创建虚拟机快照API功能的实现	项目承接人： 姓名：		日期：
项目要求	评价标准		得分情况
总体要求： ① Dao层开发完毕需测试； ② Service层开发完毕需测试； ③ Controller层开发需集成Swagger测试	① 代码逻辑合理，并成功完成Dao层开发测试（20分）； ② 代码逻辑合理，并成功完成Service层开发测试（30分）； ③ 成功集成Swagger测试（35分）； ④ 代码逻辑结构完整、条理清晰、严谨准确（10分）； ⑤ 代码排版整洁、结构分明（5分）		
评价人	评价说明		备注
个人			
老师			

项目 6　云平台前后台交互

项目引入

Hello, 大家好, 小 a 我又来了。我现在已经开发了云平台基础服务的 API, 接下来是前后端数据交互环节。什么是数据交互呢? 我们以"登录"举例, 大家都知道, 不管是淘宝、京东、当当还是亚马逊都有登录页面。我们为什么只有输入正确的用户名和密码才能使用网站的各项功能呢? 这就是后台的设置。当用户输入用户名和密码后, 前端会将用户名和密码通过 API 传给后台, 后台会将用户输入的数据和数据库存储的数据比对, 如果完全匹配则登录成功, 如果有一项不匹配就会登录失败。

数据交互就是前端将请求发送给后台, 后台解析请求, 作出响应, 然后把响应信息传递给前端, 前端根据响应信息做出数据展示, 前后台数据交互如图 6-1 所示。

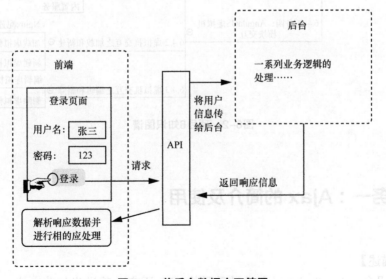

图6-1　前后台数据交互简图

知识图谱

项目 6 知识图谱如图 6-2 所示。

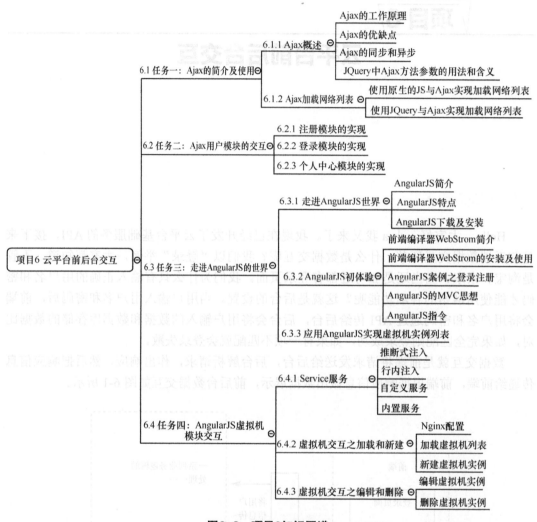

图6-2 项目6知识图谱

6.1 任务一：Ajax 的简介及使用

【任务描述】

在过去几年，JavaScript 已变成最重要的 Web 语言，其进步如此之快，离不开 Ajax 技术的出现。Ajax 是一种支持网站或应用程序的开发技术和设计模式，它可以根据实时数据更新界面，而无需刷新页面，这样就使得用户体验得到了很大的改善。下面让我们一起来学习 Ajax 的使用吧！

6.1.1 Ajax概述

Ajax（Asynchronous JavascriptAnd XML，异步 JavaScript 和 XML），是指一种创建交互式网页应用的网页开发技术。Ajax 并不是一种新的编程语言，它是一种技术，它可以把 Web 应用程序变得更好、更快、交互性更强。Ajax 可以与服务器交换数据并实现局部刷新。这种异步交互的方式使用户单击后，不必刷新页面也能获取新数据。使用 Ajax，用户可以创建接近本地桌面应用的 Web 用户界面，它具有更直接、高可用、更丰富、更动态的特点。

1. Ajax 的工作原理

① Ajax 的核心是 JavaScript 的对象 XmlHttpRequest。该对象的引用首次出现在 Internet Exploree5 中，它是一种支持异步请求的技术。或者也可以这样理解，XmlHttpRequest 使我们可以使用 JavaScript 向服务器提出请求并处理响应，而不阻塞用户。

② Ajax 采用异步交互。它在用户与服务器之间引入一个中间媒介，从而消除了网络交互过程中的"处理→等待→处理→等待"的缺点。

③ 用户的浏览器在执行任务时装载了 Ajax 引擎。Ajax 引擎用 JavaScript 语言编写，它通常隐藏在框架中。它负责编译用户界面并在服务器之间交互。

④ Ajax 引擎允许用户与应用软件之间的交互过程是异步进行的，它独立于用户与网络服务器间的交流。现在，我们可以用 Javascript 调用 Ajax 引擎来代替产生一个 http 的用户动作，内存中的数据编辑、数据校验、页面导航等这些局部需求可以交给 Ajax 来执行。

⑤ 使用 Ajax，方便 JSP、开发人员、终端用户使用。

图 6-3 为 Ajax 工作原理，其分别为传统的 Web 应用模式和 Ajax 应用模式。

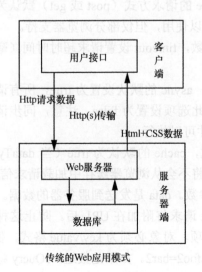
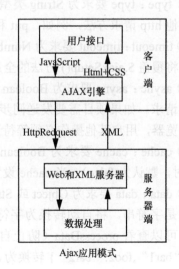

图6-3　Ajax工作原理

2. Ajax 的优缺点

优点：

① Ajax 使用 Javascript 技术向服务器发送异步请求；

② Ajax 支持局部刷新；

③ Ajax 性能高。

缺点：

① Ajax 并不适用于所有的场景，很多时候还是要同步交互；

② Ajax 虽然提高了用户体验，但无形中增多了向服务器发送的请求次数，导致服务器压力增大；

③ 因为 Ajax 是在浏览器中使用 Javascript 技术完成的，所以还需要处理浏览器兼容性问题。

3. Ajax 的同步和异步

我们使用 Ajax 最关键的地方就是实现异步请求，接受响应及执行回调。那么异步与同步有什么区别呢？我们普通的 Web 程序开发基本都是同步的，即执行完一段程序后才能执行下一段程序。但异步方式可以同时执行多条任务。Ajax 也可以使用同步模式执行程序，但同步模式属于阻塞模式，这样会导致多条线路必须同时执行时又必须一条一条执行，会使 Web 页面出现假死状态，所以，Ajax 大部分采用异步模式。

① 同步交互：客户端发出一个请求后，需要等待服务器响应结束后，才能发出第二个请求。

② 异步交互：客户端发出一个请求后，无需等待服务器响应结束，可以直接发出第二个请求。

4. JQuery 中 Ajax 方法参数的用法和含义

① URL：URL 要求为 String 类型的参数，它是发送请求的地址（默认为当前页地址）。

② type：type 要求为 String 类型的参数。type 的请求方式（post 或 get）默认为 get。注意其他 http 请求方法，例如，put 和 delete 也可以使用，但仅部分浏览器支持。

③ timeout：timeout 要求为 Number 类型的参数，timeout 设置请求超时时间（毫秒）。此设置将覆盖 $.ajaxSetup() 方法的全局设置。

④ async：async 要求为 Boolean 类型的参数，async 的默认设置为 true，所有请求均为异步请求。如果项目需要发送同步请求，请将此选项设置为 false。注意，同步请求将锁住浏览器，用户其他操作必须等待请求完成后才可以执行。

⑤ cache：cache 要求为 Boolean 类型的参数，cache 的默认为 true（当 dataType 为 script 时，默认为 false）。当 cache 设置为 false 时将不会从浏览器缓存中加载请求信息。

⑥ data：data 要求为 Object 或 String 类型的参数。data 是发送到服务器的数据。如果已经不是字符串，将自动转换为字符串格式。get 请求将附加在 URL 后。防止这种自动转换，可以查看 processData（防止自动转换）选项。对象必须为 key/value 格式，例如：{foo1："bar1"，foo2："bar2"} 转换为 &foo1=bar1&foo2=bar2。如果是数组，JQuery 将自动为不同值对应同一个名称。例如，{foo:["bar1"，"bar2"]} 转换为 &foo= bar1&foo=bar2。

⑦ dataType：dataType 要求为 String 类型的参数，dataType 是预期服务器返回的

数据类型。如果不指定，JQuery 将自动根据 http 包 mime 信息返回 responseXML 或 responseText，并将其作为回调函数参数传递。可用的类型如下。

· xml：返回 xml 文档，可用 JQuery 处理。

· html：返回纯文本 HTML 信息，它包含的 script 标签会在插入 DOM 时执行。

· script：返回纯文本 JavaScript 代码。script 不会自动缓存结果，除非设置 cache 参数。注意，script 在远程请求时（不在同一个域下），所有 post 请求都将转为 get 请求。

· json：返回 json 数据。

· jsonp：jsonp 格式。jsonp 使用 SONP 形式调用函数时，例如 myurl?callback=?，JQuery 将后一个"?"自动替换为正确的函数名，以执行回调函数。

· text：返回纯文本字符串。

⑧ beforeSend：beforeSend 主要是为了让 Ajax 在向服务器发送请求前，执行一些操作。beforeSend 要求为 Function 类型的参数，Ajax 发送请求前可以修改 XMLHttpRequest 对象的函数，例如添加自定义 HTTP 头。在 beforeSend 中如果返回 false，我们可以取消本次 Ajax 请求。XMLHttpRequest 对象是唯一的参数，请求示例代码如下：

【代码 6-1】 Request examples

```
1  function(XMLHttpRequest){
2    this;// 调用本次 ajax 请求时传递的 options 参数
3  }
```

⑨ complete：complete 要求为 Function 类型的参数有 XMLHttpRequest 对象和一个描述成功请求类型的字符串。ajax 请求完成后调用的回调函数（请求成功或失败时均调用），请求示例代码如下：

【代码 6-2】 Request examples

```
1  function(XMLHttpRequest, textStatus){
2    this;// 调用本次 ajax 请求时传递的 options 参数
3  }
```

⑩ success：success 要求为 Function 类型的参数，Ajax 请求成功后调用的回调函数，有以下两个参数。

· 由服务器返回，并根据 dataType 参数进行处理后的数据。

· 描述状态的字符串。

请求示例代码如下：

【代码 6-3】 Request examples

```
1  function(data, textStatus){
2    //data 可能是 xmlDoc、jsonObj、html、text 等等
3    this; // 调用本次 ajax 请求时传递的 options 参数
4  }
```

⑪ error：error 要求为 Function 类型的参数，Ajax 请求失败时被调用的函数。该函数有 3 个参数，即 XMLHttpRequest 对象、错误信息和捕获的错误对象(可选)。Ajax 事件函数具体代码如下：

【代码 6-4】 Request examples

```
1  function(XMLHttpRequest, textStatus, errorThrown){
```

```
2   // 通常情况下 textStatus 和 errorThrown 只有其中一个包含信息
3   this;  // 调用本次 ajax 请求时传递的 options 参数
4  }
```

⑫ contentType：contentType 要求为 String 类型的参数，当 Ajax 发送信息至服务器时，内容编码类型默认为 "application/x-www-form-urlencoded"。该默认值适合大多数应用的场合。

⑬ dataFilter：dataFilter 要求为 Function 类型的参数，是预处理 Ajax 返回的原始数据的函数。它提供 data 和 type 两个参数。data 是 Ajax 返回的原始数据，type 是调用 JQuery.ajax 时提供的 dataType 参数。函数返回的值将由 JQuery 进一步处理，请求示例代码如下。

【代码 6-5】 Request examples

```
1  function(data, type){
2  // 返回处理后的数据
3  return data;
4  }
```

⑭ dataFilter：dataFilter 要求为 Function 类型的参数，是预处理 Ajax 返回的原始数据的函数。它提供 data 和 type 两个参数。data 是 Ajax 返回的原始数据，type 是调用 JQuery.ajax 时提供的 dataType 参数。函数返回的值将由 JQuery 进一步处理，请求示例代码如下。

【代码 6-6】 Request examples

```
1  function(data, type){
2  // 返回处理后的数据
3  return data;
4  }
```

⑮ global：global 要求为 Boolean 类型的参数，它默认为 true。global 表示是否触发全局 Ajax 事件。global 设置为 false 时将不会触发全局 Ajax 事件，ajaxStart 或 ajaxStop 可控制各种 Ajax 事件。

⑯ ifModified：ifModified 要求为 Boolean 类型的参数，其默认为 false。它表示 ajax 仅在服务器数据改变时获取新数据。服务器数据改变判断的依据是 Last-Modified 头信息，其默认值是 false，即忽略头信息。

⑰ jsonp：jsonp 要求为 String 类型的参数，它在一个 jsonp 请求中重写回调函数名。该值用来替代在 "callback=?" 这种 GET 或 POST 请求中 URL 参数里的 "callback" 部分，例如 {jsonp:'onJsonPLoad'} 会将 "onJsonPLoad=?" 传给服务器。

⑱ username：username 要求为 String 类型的参数，它用于响应 http 访问认证请求的用户名。

⑲ password：password 要求为 String 类型的参数，它用于响应 http 访问认证请求的密码。

⑳ processData：processData 要求为 Boolean 类型的参数，它默认为 true。默认情况下，Ajax 发送的数据将转换为对象（从技术角度来讲并非字符串）以配合默认内容类型 "application/x-www-form-urlencoded"。如果要发送 DOM 树信息或者其他不希望转换的信息，则将其设置为 false。

㉑ scriptCharset：scriptCharset 要求为 String 类型的参数，只有在请求时 dataType 为 "jsonp" 或者 "script"，并且 type 是 GET 时，才会被用于强制修改字符集 (charset)。本地和远程的内容编码不同时使用 scriptCharset。

6.1.2 Ajax加载网络列表

Ajax 的写法就像是打电话，我们把打电话分为 4 步如图 6-4 所示，Ajax 的请求也分为以下 4 个步骤。

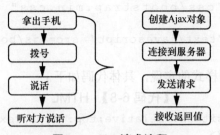

图6-4　Ajax请求流程

接下来以云平台加载网络列表为例，使用 Ajax 向后台发送请求，并展示页面，如图 6-5 所示，单击显示网络列表发送请求。

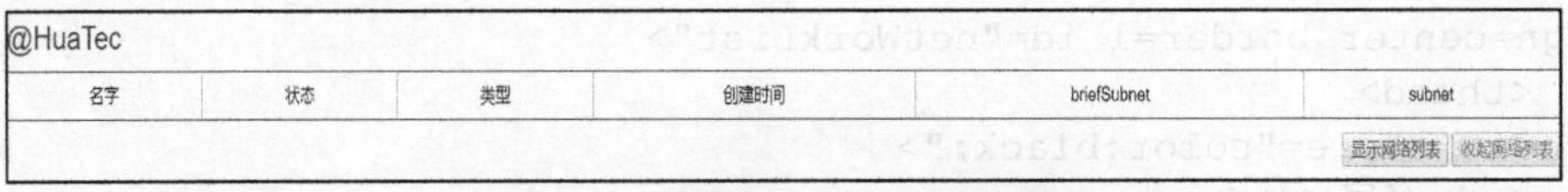

图6-5　加载网络列表发送请求

1. 使用原生的 JS 与 Ajax 实现加载网络列表

① 请求的 URL。

加载网络列表 API 的规划见表 6-1。

表6-1　加载网络列表API的规划

模块	功能	前台传参	HTTP方法类型	API设计
加载网络列表	查询所有网络	无	GET	/network

② 首先在 WebContext 下新建一个 HTML 页面 1，并将其命名为 NetWorkListJS.html，引入 js、css 环境包，如图 6-6 所示。

图6-6　HTML页面1

③ 导入 Ajax jar 包 jquery-1.11.1.min.js，引入 css 样式，注意引用路径的问题，具体代码如下：

【代码 6-7】 js、css

```
1 <script type="text/javascript" src="js/jquery-1.11.1.min.js"></script>
2 <link href="css/bootstrap.min.css" type="text/css" rel="stylesheet" />
3 <script type="text/javascript" src="js/bootstrap.min.js"></script>
```

④ HTML 页面，表格样式的实现，具体代码如下：

【代码 6-8】 HTML

```
1 <div style="position: relative;top: 10px;text-align:left">
2 <h3>@HuaTec</h3>
3 </div>
4 <div style="position: relative;top: 20px;text-align:center" width="80%">
5 <table id="netWorkList" style="BORDER-COLLAPSE: collapse" class="table table-hover" height=80 cellPadding=3 width=80% align=center border=1 id="netWorkList">
6 <thead>
7 <tr style="color:black;">
8 <td>名字</td>
9 <td>状态</td>
10<td>类型</td>
11<td>创建时间</td>
12<td>briefSubnet</td>
13<td>subnet</td>
14</tr>
15</thead>
16<tbody id="netWorkListBody">
17</tbody>
18</table>
19</div>
20<div style="text-align:right" >
21<input type="button" value="显示网络列表" id="listBtn" style="color:blue " >
22<input type="button" value="收起网络列表" id="packBtn" style="color:red " >
23</div>
```

⑤ js 代码的实现，服务器执行 get 请求，代码如下：

【代码 6-9】 get

```
1 <script>
2 window.onload=function()
3 {
4 //单击收起网络列表按钮
5 $("#packBtn").click(function(){
```

```
6  $("#netWorkListBody").html('');
7  })
8  // 单击显示网络列表按钮，显示
9  var oBtn = document.getElementById("listBtn");
10     oBtn.onclick = function()
11     {
12 //1. 创建 ajax 对象
13 if(window.XMLHttpRequest)// 如果有 XMLHttpRequest，那就是非 IE6 浏览器。() 里面加 window 的原因下面会有描述。
14     {
15 var oAjax = new XMLHttpRequest();// 创建 ajax 对象
16     }
17 else// 如果没有 XMLHttpRequest，那就是 IE6 浏览器
18     {
19 var oAjax = new ActiveXObject("Microsoft.XMLHTTP");//IE6 浏览器创建 ajax 对象
20     }
21 //2. 连接服务器
22     oAjax.open("GET","network",true);
23 //3. 发送请求
24     oAjax.send();
25 //4. 接收返回
26 // 客户端和服务器端有交互的时候会调用 onreadystatechange
27     oAjax.onreadystatechange=function()
28     {
29 if(oAjax.readyState==4)
30     {
31 if(oAjax.status==200)// 判断是否成功，如果是 200，就代表成功
32     {
33 var json=JSON.parse(oAjax.responseText);
34 //alert(oAjax.responseText);// 读取 a.txt 文件成功就弹出成功。后面加上 oAjax.responseText 会输出 a.txt 文本的内容
35 // 遍历查询结果
36 for(var i=0;i<json.data.length;i++)
37 {
38 var name = json.data[i].name;
39 var status=json.data[i].status;
40 var type=json.data[i].type;
41 var creatime=json.data[i].creatime;
42 var briefSubnet=json.data[i].briefSubnet;
43 var subnet=json.data[i].subnet;
44 // 时间格式化调用
45 creatime = new Date(creatime);
46 var year = creatime.getFullYear()+' 年 ';
47 var month = creatime.getMonth()+1+' 月 ';
48 var date = creatime.getDate()+' 日 ';
49 var showCreatTime=[year,month,date].join('');
50 // 在表格中添加显示内容
51 var codeStr = "<tr class='item'> <td>"+name+"</td> <td>"+status+ "</
```

```
td><td>"+type+"</td><td>"+showCreatTime+"</td><td>"+briefSubnet+"</td>
<td>"+subnet+"</td></tr>";
52      $("#netWorkList").append(codeStr);
53  }
54      }
55 else
56      {
57          alert("失败");
58      }
59      }
60  };
61  }
62 };
63 </script>
```

下面讲解上述代码 if 里面需要 window 的原因, 即 js 里的变量和属性。

```
var a = 12;
alert(a);
```

如上述代码页面, 弹出 12 这是正常的, 但实际上输出下面的写法, 是属于 window 的, 只是 window 省略了, 如下所示:

```
var a = 12;
alert(window.a);
window.alert(window.a);
```

上述的两种代码输出结果是一样的, 像 a 这种全局变量实际上是 window 的一个属性, 如果不定义一个变量 a, 直接像 alert(a) 那样输出 a, 系统会报错, 而不是 undefind, 原因是没有定义变量 a。如果 alert(window.a) 这样写, 系统就不会报错, 而会显示 undefind。出现上面的原因是因为直接写 a 但从根上就找不到 a, 而前面加上 window 只是找不到 window 的属性 a 了。

⑥ 预览网络列表 1 如图 6-7 所示。

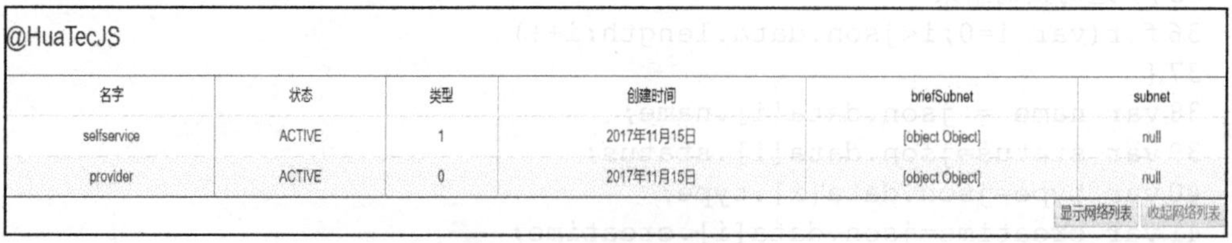

图 6-7 预览网络列表 1

2. 使用 JQuery 与 Ajax 实现加载网络列表

① 为了和上面的 js 区分开, 我们在 WebContent 下新建一个 HTML 页面, 并将其命名为 NetWorkList.html, 引入 js、css 环境包, 如图 6-8 所示。

② 第二步和第三步代码和上面相同, 此处不再赘述。

③ JQuery 代码的实现, 请求服务器执行 get 请求, 代码如下:

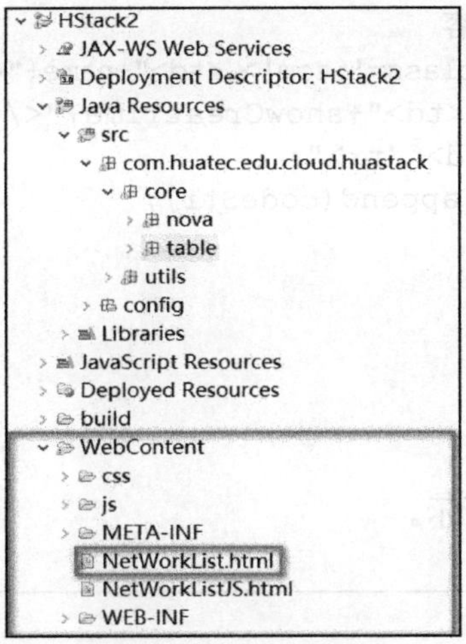

图6-8　HTML页面2

【代码6-10】 get

```
1  <script type="text/javascript">
2  // 页面加载完成后执行
3  $(function(){
4  // 单击收起按钮
5  $("#packBtn").click(function(){
6  $("#netWorkListBody").html('');
7  })
8  // 单击显示网络列表按钮，显示
9  $("#listBtn").click(function(){
10 $.ajax({
11 url:"network",// 请求的url
12 type:"get",//get请求
13 success:function(data)
14 {
15 // 单击按钮前先初始化表格头
16 $("#netWorkListBody").html('');
17 // 遍历查询结果
18 for(var i=0;i<data.data.length;i++)
19 {
20 var name = data.data[i].name;
21 var status=data.data[i].status;
22 var type=data.data[i].type;
23 var creatime=data.data[i].creatime;
24 var briefSubnet=data.data[i].briefSubnet;
25 var subnet=data.data[i].subnet;
26 // 时间格式化调用
27 creatime = new Date(creatime);
28 var year = creatime.getFullYear()+'年';
29 var month = creatime.getMonth()+1+'月';
30 var date = creatime.getDate()+'日';
31 var showCreatTime=[year,month,date].join('');
```

```
32 // 在表格中添加显示内容
33 var codeStr = "<tr class='item'> <td>"+name+"</td> <td>"+status+"</td><td>"+type+"</td><td>"+showCreatTime+"</td><td>"+briefSubnet+"</td><td>"+subnet+"</td></tr>";
34 $("#netWorkList").append(codeStr);
35 }
36 }
37 })
38 })
39 })
40 </script>
```

④ 预览效果，如图 6-9 所示。

图6-9　预览网络列表2

6.1.3　任务回顾

1. Ajax 的工作原理。
2. Ajax 的优缺点。同步交互：客户端发出一个请求后，需要等待服务器响应结束后，才能发出第二个请求。异步交互：客户端发出一个请求后，无需等待服务器响应结束，就可以发出第二个请求。
3. Ajax 的请求流程：①创建 Ajax 对象；②连接到服务器；③发送请求；④接受返回值。
4. 原生 js 写 Ajax，执行 get 请求加载网络列表。
5. JQuery 写 Ajax，执行 get 请求加载网络列表。

学习足迹

任务一学习足迹如图 6-10 所示。

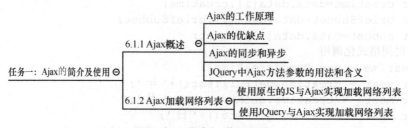

图6-10　任务一学习足迹

思考与练习

1. 请简述 Ajax 的优缺点。
2. 请简述 Ajax 同步交互和异步交互的概念。
3. 请简述 Ajax 的工作原理。

6.2 任务二：Ajax 用户模块的交互

【任务描述】

在任务一中我们学习了 Ajax 的使用，在本任务中，我们主要使用 Ajax 实现用户模块注册以及登录功能的前后台交互。

6.2.1 注册模块的实现

用户注册模块一般都会提供用户名称、用户密码、确认密码的输入框以及注册按钮，如图 6-11 所示。

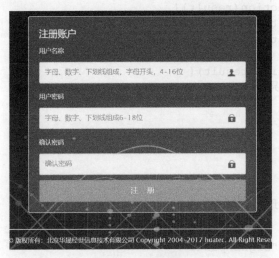

图6-11 注册页面

① 请求 URL。

注册用户 API 规划见表 6-2。

表6-2 注册用户API规划

模块	功能	前台传参	HTTP方法类型	API设计
用户模块	注册用户	姓名、密码、邮箱	Post	/HStack2/user

② 在 WebContent 下新建 HTML 页面，命名为 Register.html。

③ 导入 js 包，如下所示：

```
<script type="text/javascript" src="js/jquery-1.11.1.min.js"></script>
```

④ 执行 post 的方法请求服务器，Ajax 实现 post 请求具体代码如下：

【代码 6-11】 post

```
1  <script type="text/javascript">
2  $(function(){
3  $("#register").click(function(){
4  if ($("#username").val()==""||$("#z_password").val()==""||$("#z_repassword").val()=="") {
5       alert("哎呀，有填框是空的哟！必须全部填写噢！");
6       }else if($("#z_password").val()!=$("#z_repassword").val()){
7  alert("密码不匹配");
8       }else{
9  alert("register");
10 var username=$("#username").val().trim();
11 var password=$("#z_password").val().trim();
12 $.ajax({
13 url:"/HStack1/user",
14 type:"post",
15 data:{"username":username,"password":password},
16 dataType:'json',
17 success:function(result){
18 alert(result.msg);
19 window.location.href="login.html";
20 },
21 error:function(result){
22 alert("注册异常");
23 }
24 });
25     }
26 });
27 });
28 </script>
```

⑤ 表单样式的实现，代码如下：

【代码 6-12】 HTML

```
1  <div class="signinpanel">
2  <section>
3  <div class="signUp-box">
4  <h4 class="nomargin">注册账户</h4>
5  <p class="mt10 white">用户名称</p><span class="mt10" id="spanId"></span>
6  <input ng-model="username" type="text" required class="form-control uname mb5" placeholder="字母、数字、下划线组成，字母开头，4-16位" id="username" name="username"/>
7  <p class="mt10 white">用户密码</p><span class="mt10" id="spanId_pword"></span>
```

```
 8 <input ng-model="password" type="password" class="form-control
z_pword mb5" placeholder="字母、数字、下划线组成6-18位" name="password"
 d="z_password"/>
 9 <p class="mt10 white">确认密码</p><span class="mt10" id="spanId_
rpword"></span>
10<input ng-model="repassword" type="password" class="form-control
rpword mb5" placeholder="确认密码" name="z_repassword" id="z_
repassword" />
11<button class="btn btn-success btn-block" id="register">注 
   册</button>
12</div>
13</section>
14</div>
```

⑥ 预览结果如图6-12所示。注册成功返回提示信息，需要等待管理员审批才能登录使用虚拟机服务。

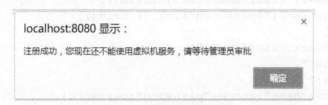

图6-12 注册成功预览结果

6.2.2 登录模块的实现

用户登录页面会显示"登录"和"请注册"，如果是已注册用户可以输入用户名和密码直接登录，没有注册过就单击注册按钮进入到注册页面注册用户，用户登录页面一般都会要求用户输入用户名、密码，然后单击"登录"按钮，如图6-13所示。

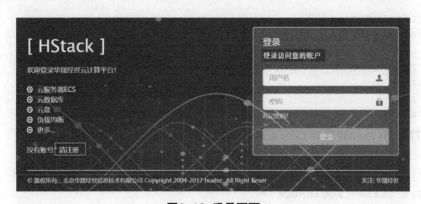

图6-13 登录页面

① 请求URL。

用户登录API规划见表6-3。

表6-3 用户登录API规划

模块	功能	前台传参	HTTP方法类型	API设计
用户模块	用户登录	用户名、密码	Post	/HStack1/user/login

② 在 WebContent 下新建 HTML 页面，命名为 Login.html。
③ 导入 Ajax 所需 jar 包：

```
<script type="text/javascript" src="js/jquery-1.11.1.min.js"></scrip>
<script type="text/javascript" src="js/cookie_util.js"></script>
```

④ 执行 post 的方法请求服务器，Ajax 执行 post 请求具体代码如下：

【代码 6-13】 post

```
1  <script type="text/javascript">
2  $(function(){
3  $("#login").click(function(){
4  var uname=$("#username").val().trim();
5  var password=$("#password").val().trim();
6  $.ajax({
7  url:"/HStack1/user/login",
8  type:"post",
9  dataType:'json',
10 data:{"username":uname,"password":password},
11 success:function(result){
12 alert(result.data);
13 var tokenId=result.data.tenantTokenId;
14 var projectId=result.data.projectId;
15 var userId=result.data.userId;
16 addCookie("tokenId",tokenId,2);// 写入cookie，2小时失效
17 addCookie("tenantId",projectId,2);
18 addCookie("userId",userId,2);
19 window.location.href="main.html";
20 },
21 error:function(){
22 alert("异常");
23 }
24 });
25 });
26 });
27 </script>
```

⑤ HTML 页面，表单样式的实现，代码如下：

【代码 6-14】 HTML

```
1  <from>
2  <div class="login-box">
3  <h4 class="nomargin">登录</h4>
4  <p class="mt5 mb20 white">登录访问您的账户。</p>
5  <input type="text" class="form-control uname" placeholder="用户名" ng-model="uname" id="username"/>
```

```
6 <input type="password" class="form-control pword" placeholder="
密码" name="password" id="password" ng-model="password"/>
7 <a href=""><small class="white">忘 记 密 码?</small></a><span
id="spanId"></span>
8 <button id="login" class="btn btn-success btn-block">登录</button>
9 </div>
10 </from>
```

⑥ 预览效果，登录成功主页面，如图 6-14 所示。

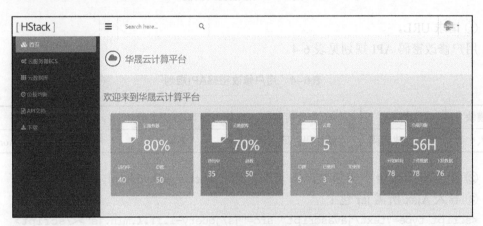

图6-14 登录成功跳转至主页面

6.2.3 个人中心模块的实现

用户登录成功进入云平台主页面，单击"我的资料"进入个人中心，个人中心模块包含修改密码和修改邮箱两个操作，用户可以更改密码和邮箱，如图 6-15 所示。

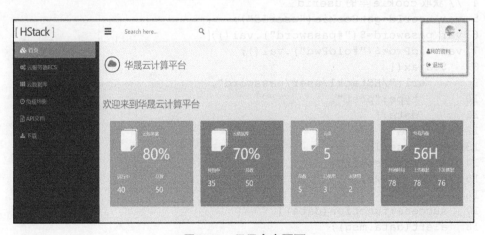

图6-15 云平台主页面

单击"我的资料"进入个人中心页面，找到修改密码的操作，输入新密码和原密码，单击"确定"申请修改密码，如图 6-16 所示。

图6-16 修改密码页面

① 请求 URL。

用户修改密码 API 规划见表 6-4。

表6-4 用户修改密码API规划

模块	功能	前台传参	HTTP方法类型	API设计
个人中心	用户修改密码	新密码、原密码	Post	/HStack2/user/password

② 在 WebContent 下新建 HTML 页面，命名为 changePwd.html。

③ 导入 Ajax 所需 jar 包：

```
<script type="text/javascript" src="js/jquery-1.11.1.min.js"></script>
<script type="text/javascript" src="js/cookie_util.js"></script>
```

④ 执行 post 方法请求服务器，Ajax 执行 post 的请求代码如下：

【代码 6-15】 post

```
1  <script type="text/javascript">
2  $(function(){
3  $("#changeButton").click(function(){
4  // 获取 cookie 里的 userid
5  var userId=getCookie("userId");
6  var password=$("#password").val();
7  var oldPwd=$("#oldPwd").val();
8    $.ajax({
9       url:"/HStack1/user/password",
10       type:"post",
11       data:{
12 // 请求数据
13 userId:userId,
14 password:password,
15 oldPwd:oldPwd,
16       },
17    success:function(data){
18    alert(data.msg);
19    },error:function(data){
20 alert("异常");
21 }
22 })
```

```
23 })
24 })
25 </script>
```

⑤ HTML 页面，表单样式的实现代码如下：

【代码 6-16】 HTML

```
1 <form >
2 <legend style="line-height: 30px;">修改密码 </legend>
3 <input type="hidden" name="userId" id="userId">
4 <div>
5 <span>新密码 </span><input type="text" name="password" id=
"password"><br>
6 <span>原密码 </span><input type="text" name="oldPwd" id=
"oldPwd"><br>
7 <input type="button" value=" 确定 " id="changeButton">
8 </div>
9 </form>
```

⑥ 预览效果如图 6-17 所示。

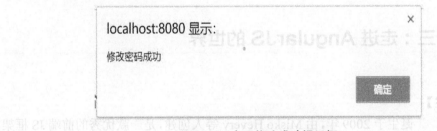

图 6-17　密码修改成功提示框

> 【做一做】
>
> 个人中心模块还包括更改用户邮箱，请参照用户修改密码操作，自行修改邮箱。

6.2.4　任务回顾

知识点总结

1. 注册模块的请求流程，用户输入用户名、密码、邮箱进行用户注册，Ajax 执行 post 的请求，注册成功。

2. 登录模块的请求流程，用户输入用户名、密码，Ajax 执行 post 的请求，登录成功跳转至云平台主页。

学习足迹

任务二学习足迹，如图 6-18 所示。

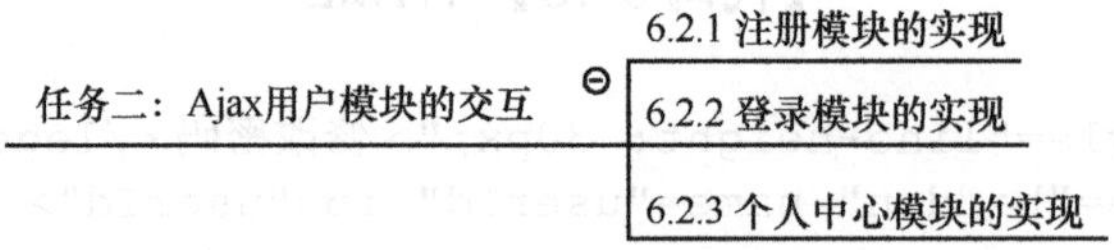

```
                              ┌── 6.2.1 注册模块的实现
任务二：Ajax 用户模块的交互 ──┼── 6.2.2 登录模块的实现
                              └── 6.2.3 个人中心模块的实现
```

图6-18　任务二学习足迹

思考与练习

1. 简述注册用户的请求流程。
2. 简述用户登录的请求流程。
3. 简述个人中心中用户修改密码的请求流程。

6.3　任务三：走进 AngularJS 的世界

【任务描述】

AngularJS 诞生于 2009 年，由 Misko Hevery 等人创建，是一款优秀的前端 JS 框架，后为 Google 所收购，现在已经被用于 Google 的多款产品当中。AngularJS 有着诸多特性，最为核心的是：MVC、模块化、自动化双向数据绑定、语义化标签、依赖注入等。

接下来，我们走进这神奇的框架——AngularJS。

6.3.1　走进 AngularJS 世界

1. AngularJS 简介

AngularJS 是一个开发动态 Web 应用的框架。它使用 HTML 作为模板语言并通过扩展的 HTML 语法使应用组件更加清晰和简洁。同时，AngularJS 还通过数据绑定和依赖注入减少了大量代码，而这些都在浏览器端通过 JavaScript 实现，能够和任何服务器端技术完美结合。

AngularJS 是为了扩展 HTML 在构建应用时本应具备的能力而设计的。对于静态文档，HTML 是一门很好的声明式的语言，但对于构建动态 Web 应用，它无能为力。所以，构建动态 Web 应用需要一些技巧才能让浏览器配合我们的工作。

通常，我们通过以下手段来解决动态应用和静态文档之间不匹配的问题。

类库：一些在开发 Web 应用时非常有用的函数的集合。它在代码中起主导作用，并且决定何时调用类库的方法，例如 JQuery 等。

框架：一种 Web 应用的特殊实现，代码只需要填充一些具体信息。框架起主导作用，并且决定何时调用代码，例如：knockout、embert、backbone 等。

AngularJS 另辟蹊径，它尝试去扩展 HTML 的结构来弥合以文档为中心的 HTML 与实际 Web 应用所需要的 HTML 之间的鸿沟。Angular 通过指令扩展 HTML 的语法，例如：

① 通过 {{}} 绑定数据；
② 使用 DOM 控制结构来迭代或隐藏 DOM 片段；
③ 支持表单和表单验证；
④ 将逻辑代码关联到 DOM 元素上；
⑤ 将一组 HTML 做成可重用的组件。

2. AngularJS 特点

AngularJS 与我们之前学习的 JQuery 是有一定区别的，JQuery 更准确来说是一个类库（类库指的是一系列函数的集合），以 DOM 作为驱动（核心）；而 AngularJS 则是一个框架（诸多类库的集合），以数据和逻辑作为驱动（核心）。

框架对开发的流程和模式做了约束，开发者遵照约束进行开发，更注重实际的业务逻辑。

在构建 Web 应用的前端时，AngularJS 提供的不是部分解决方案，而是一个完整的解决方案。它能够处理所有混杂了 DOM 和 AJAX 的代码，并能够将它们的结构组织得良好。这使得 AngularJS 在决定应该怎样构建一个 CRUD 应用时显得甚至有些"偏执"，但是尽管它"偏执"，它也尝试确保使它构建的应用能够灵活地适应变化。下面是 AngularJS 的一些优点。

① 拥有构建一个 CRUD 应用时可能用到的所有技术：数据绑定、基本模板指令、表单验证、路由、深度链接、组件重用、依赖注入。
② 可测试性：包括单元测试、端到端测试、模拟对象、测试工具。
③ 拥有一定目录结构和测试脚本的种子应用。
④ AngularJS 有着诸多特性，最为核心的是模块化、双向数据绑定、语义化标签、依赖注入等。

3. AngularJS 下载及安装

本书讲述的是 AngularJS1 版本，目前最新版本是 AngularJS1.6.7。

① 下载 AngularJS 包。
② 引入 AngularJS CDN 文件。AngularJS 官网本身采用 AngularJS 库构建，页面中的 AngularJS 库通过 Google 的 CDN（内容分发网络）引用，国内我们推荐以下 CDN。

以下为引用百度 CDN 的方式：

```
<script src="http://apps.bdimg.com/libs/angular.js/1.6.7/angular.min.js"></script>
<script src="http://apps.bdimg.com/libs/angular.js/1.6.7/angular.min.js"></script>
```

通过上面的引用，你只能使用 AngularJS 的核心模块，即 Ng 模块；AngularJS 还提供了各种功能丰富的模块，如 ngRoute、ngAnimate、ngCookies 等，只要引入相应头文件，再依赖注入你所在的工作模块，则可使用。以下是 AngularJS 个功能模块的 CDN，以 BootCDN 为例。

- ngRoute

```
<script src="//cdn.bootcss.com/angular.js/1.5.8/angular-route.js"></script>
<script src="//cdn.bootcss.com/angular.js/1.5.8/angular-route.min.js"></script>
```

- ngAnimate

```
<script src="//cdn.bootcss.com/angular.js/1.5.8/angular-ngAnimate.js"></script>
<script src="//cdn.bootcss.com/angular.js/1.5.8/angular-ngAnimate.min.js"></script>
```

- ngCookies

```
<script src="//cdn.bootcss.com/angular.js/1.5.8/angular-cookies.js"></script>
<script src="//cdn.bootcss.com/angular.js/1.5.8/angular-cookies.min.js"></script>
```

③ 通过依赖管理安装。

- 使用 Bower 安装

Bower 是一个基于客户端技术的软件包管理器，它可用于搜索、安装和卸载如 JavaScript、HTML、CSS 之类的网络资源。如果使用 Bower 安装 AngularJS，则首先需要使用 node 安装并配置环境，之后安装 Bower，最后通过 Bower 再来安装 AngularJS 即可。

以下是 Bower 配置好后，安装 AngularJS 的指令：

```
bower install angular
```

- 使用 NPM 安装

NPM 是 JavaScript 和世界上最大的软件包管理器的软件注册表。它能够发现可重用代码包，并以强大的新方法组装它们。

以下是 NPM 配置完成后，安装 AngularJS 的指令：

```
npm install angular
```

6.3.2　AngularJS 初体验

1. 前端编译器 WebStrom 简介

俗话说："工欲善其事，必先利其器"，那么在写代码之前，就必须先了解一些目前比较流行的编译器，比如 WebStorm、Sublime Text、HBuilder 等。本节为大家介绍的是 WebStorm 编译器。

WebStorm 是 Jetbrains 公司旗下一款 JavaScript 开发工具。被广大中国 JS 开发者誉为"Web 前端开发神器""最强大的 Html5 编辑器""最智能的 JavaScript IDE"等。与 IntelliJ IDEA 同源，WebStorm 继承了 IntelliJ IDEA 强大的 JS 部分的功能。

2. 前端编译器 Webstrom 的安装及使用

接下来，我们教大家如何安装 WebStorm 软件。

项目6 云平台前后台交互

（1）安装

首先到官网下载最新版本，如图 6-19 所示。

图6-19　WebStorm下载页面

下载之后进行安装：找到下载 Webstrom 目录位置，找到 Webstrom.exe 应用程序文件，然后单击安装，步骤依次如图 6-20、图 6-21、图 6-22、图 6-23、图 6-24 所示。

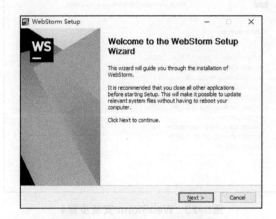

图6-20　WebStorm 安装步骤1

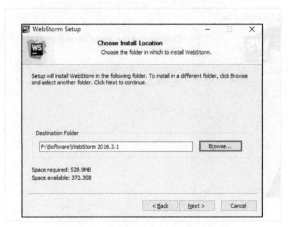

图6-21　WebStorm 安装步骤2

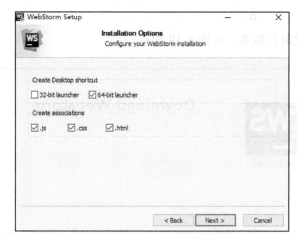

图6-22 WebStorm 安装步骤3

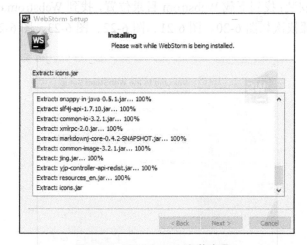

图6-23 WebStorm 安装步骤4

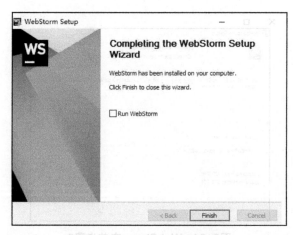

图6-24 WebStorm 安装步骤5

Webstrom 安装完成后，启动软件，步骤如图 6-25 所示。

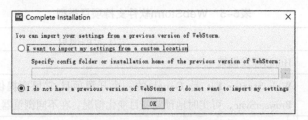

图6-25　WebStorm激活页面

接下来，我们需要激活它，如果不激活只可以免费使用 30 天。WebStrom 激活码可以自行到网上搜索，输入可使用的激活码之后，WebStrom 安装完成，此时可以创建项目使用软件了，如图 6-26 所示。

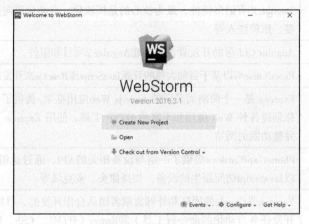

图6-26　WebStorm 启动

（2）使用

启动 Webstrom 软件，可以创建一个新项目，如图 6-27 所示。

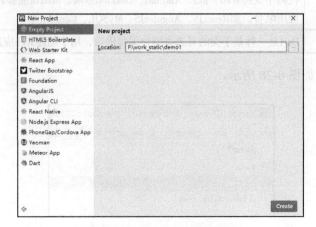

图6-27　WebStorm 新建项目

项目含义这里支持很多类型的项目，项目含义解释见表 6-5。

表6-5　WebStorm软件支持项目类型

类型	含义
Empty Project	一个空的项目
Html5 Boilerplate	Html5开发框架
Web Starter Kit	Web Starter Kit 是 Google的一个开源项目,它里面提供了一些工具，比如BrowserSync，可实时地预览项目变化情况，在不同浏览器上同步页面的行为
React App	基于React.js开发ioS和Android原生App
Twitter Bootstrap	Bootstrap是Twitter推出的一个用于前端开发的开源工具包
Foundation	Foundation 是一个易用、强大而且灵活的响应式前端框架，用于创建基于任何设备的响应式网站、Web应用和电子邮件。具有结构语义化、移动设备优先、完全可定制等优点
Angular JS	AngularJS有诸多特性，最为核心的是模块化、自动化双向数据绑定、语义化标签、依赖注入等
Angular CLI	Angular CLI 帮助开发者快速创建Angular 2项目和组件
React Native	ReactNative可以基于目前大热的开源JavaScript库React.js来开发ioS和Android原生App
Node.js Express App	Express 是一个简洁而灵活的 node.js Web应用框架，提供了一系列强大特性帮助你创建各种 Web 应用和丰富的 HTTP 工具。使用 Express 可以快速地搭建一个完整功能的网站
PhoneGap/Cordova App	PhoneGap/Cordova提供了一组与设备相关的API，通过这组API，移动应用能够以JavaScript访问原生的设备，如摄像头、麦克风等
Yeoman	Yeoman是Google的团队和外部贡献者团队合作开发的，目标是通过Grunt（用于开发任务自动化的命令行工具）和Bower（HTML、CSS、Javascript和图片等前端资源的包管理器）的包装为开发者创建一个易用的工作流
Meteor App	Meteor是跨时代的全栈Web开发框架，Github stars数已超越Ruby on Rails。使用它能够迅速地开发实时的Real-Time和响应式的Reactive应用，并且可以在一套代码中支持Web、ioS、Android、Desktop多端。Meteor能够轻松地和其他框架及应用结合，如ReactJS、AngularJS、MySQL、Cordova等
Dart	Dart是一种基于类的可选类型化编程语言，用于创建Web应用程序

项目创建成功如图 6-28 所示。

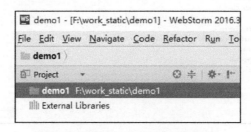

图6-28　WebStorm 新建项目成功

(3) 配置

1) 设置背景色为黑色

首先单击File框内"settings",如图6-29所示选择"appearance",选择图6-30中标注的选项,选择之后单击"确定",然后整个软件的颜色变为黑色。

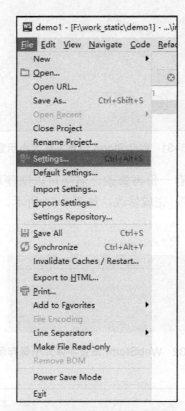

图6-29 WebStorm 设置步骤1

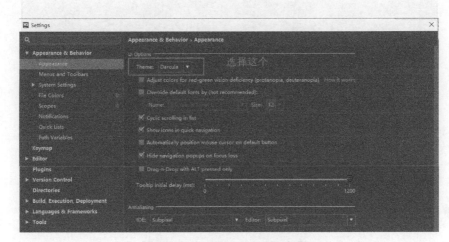

图6-30 WebStorm 设置步骤2

2）设置字体大小

字体在 Settings → Editor → Colors&Fonts → Font 下面设置，设置步骤如图 6-31 所示。

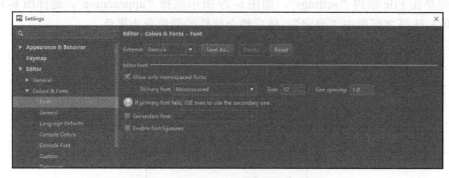

图6-31　WebStorm 设置字体大小示意

单击"Save AS"先另保存一份再修改，名字可以随便取，如图 6-32 所示。保存后将字号修改为 20，单击"OK"，完成修改，如图 6-33 所示。

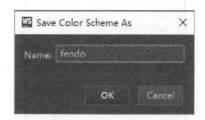

图6-32　WebStorm 设置字体大小保存示意

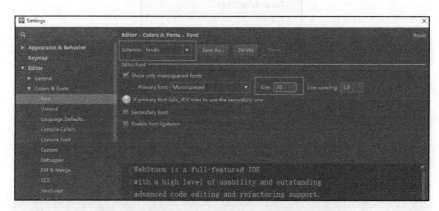

图6-33　WebStorm 设置字体大小保存应用示意

【想一想】

Sublime Text、HBuilder 等其他编译器的安装过程及其使用功能。

3. AngularJS 案例之登录注册

在 Angular 网页应用中，数据绑定是数据模型（Model）与视图（View）组件的自动同步。Angular 的实现方式允许把应用中的模型看成单一的数据源。而视图始终是数据模型的一种展现形式。当模型改变时，视图就能反映这种改变，反之亦然。

数据绑定指的是将模型（Model）中的数据与相应的视图（View）进行关联，它分为单向绑定和双向绑定两种方式。

（1）单向绑定

单向绑定是指将模型（Model）数据，按着写好的视图（View）模板生成 HTML 标签，然后追加到 DOM 中显示，如 artTemplate 模板引擎的工作方式。

如图 6-34 所示，只能模型（Model）数据向视图（View）传递。

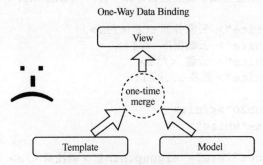

图6-34 单向数据绑定逻辑

ng-bind 指令绑定了 HTML 表单元素到 $scope 变量中。ng-bind 的工作原理。angularJS 是一个 mvvm 的框架，其主要就体现在 ng-bind 是从 $scope → view 的单向绑定。

接下来，写一下单向数据绑定的 demo，由于 HTML 和 CSS 构造的页面已经写好，因此可以直接拿来使用，图 6-35 是最终效果图。

图6-35 单向数据效果

第一步，完成页面的基本结构，页面 head 标签需要引入 css 样式文件以及 HTML 结构，引入 css 样式：

```
<link rel="icon" type="" href="css/images/favicon.ico">
<link rel="stylesheet" href="css/login.css"/>
```

第二步 HTML 结构，具体代码如下：

【代码 6-17】 HTML

```
1  <div class="logopanel">
2  <h1>
3  <span>[</span>
4  HStack
5  <span>]</span>
6  </h1>
7  </div>
8  <div class="mb20"></div>
9  <h5><strong>欢迎登录华晟经世云计算平台！</strong></h5>
10 <ul>
11 <li class="white"> 云服务器 ECS </li>
12 <li class="white"> 云数据库 </li>
13 <li class="white"> 云盘 </li>
14 <li class="white">更多...</li>
15 </ul>
16 <div class="mb20"></div>
17 <strong class="white">
18 没有账号？
19 <a class="zhuce" href="signup.html">请注册</a>
20 </strong>
21 </div>
```

第三步，要实现 ul 标签下的 li 标签内的内容不在 HTML 上成写固定格式，而是使用单向绑定方式绑定到 li 标签上，那么就需要用到 AngularJS 上的功能，就需要在 HTML 内引用 AngularJS 包，具体如下：

```
<script src="assets/js/angular.min.js"></script>
```

第四步，在 HTML 内指定根作用域（ng-app）和子作用域（ng-controller），这里是在 body 标签上写的，具体代码如下：

【代码 6-18】 ng-app、ng-controller

```
1  <body ng-app="login" ng-controller="loginController"
2      class="login-layout blur-login">
3  ......
4  </body>
```

第五步，写 login.js 代码，我们创建一个名字为 App 的模块，在此模块下定义一个连接 Model 和 View 的控制器，写好需要绑定的数据的内容，具体代码如下：

【代码 6-19】 controller

```
1  var App = angular.module('login', []);
2  App.controller('loginController', ['$scope', function($scope) {
3      /* 单向数据绑定 */
4      $scope.service = " 云服务器 ECS";
5      $scope.data = " 云数据库 ";
```

```
6    $scope.disk = "云盘";
7    }]);
```

第六步，把写好的 login.js 文件引入 HTML 上，具体如下：
`<script src="js/login.js"></script>`

> **【注意】**
>
> 在引用 js 文件时，一定要注意先后顺序。使用哪个框架的包就先引用谁，后来写的 js 文件最后引用。

第七步，修改 HTML 代码，从 Controller 内获取想要的数据，看 li 标签修改，单向数据绑定的 HTML 代码如下：

【代码 6-20】 view、controller

```
1    <div class="logopanel">
2    <h1>
3    <span>[</span>
4    HStack
5    <span>]</span>
6    </h1>
7    </div>
8    <div class="mb20"></div>
9    <h5><strong>欢迎登录华晟经世云计算平台！</strong></h5>
10   <ul>
11   <li ng-bind="service" class="white"></li>
12   <li ng-bind="data" class="white"></li>
13   <li ng-bind="disk" class="white"></li>
14   <li class="white">更多 ...</li>
15   </ul>
16   <div class="mb20"></div>
17   <strong class="white">
18   没有账号？
19   <a class="zhuce" href="signup.html">请注册</a>
20   </strong>
21   </div>
```

最后，在浏览器内打开页面，查看页面效果，效果如图 6-35 所示。

（2）双向绑定

双向绑定则可以实现模型（Model）数据和视图（View）模板的双向传递，概念逻辑如图 6-36 所示。

实现双向数据绑定使用的指令是 ng-model，ng-model 指令绑定了 HTML 表单元素到 scope 变量中。AngularJS 是一个 mvvm 的框架，其主要体现在 ng-model 身上，如图 6-37 所示。

AngularJS 将 Model 和 View 之间的联系切断，内部通过 ng-model 实现 ViewModel 层，如图 6-38 所示。

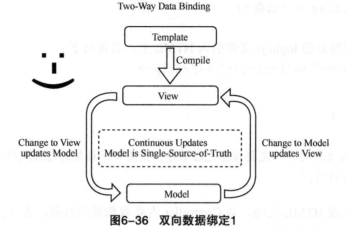

图6-36 双向数据绑定1

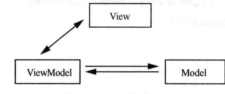

图6-37 双向数据绑定2

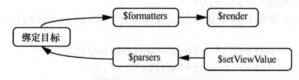

图6-38 双向数据绑定3

在每个使用 ng-model 的地方，都会创建一个 ngModelController 实例，这个实例负责管理存储在模型（由 Model 指定）中的值与元素显示值之间的数据绑定。ngModelController 包含 $formatters 和 $parsers 数组，会在每次更新数据绑定时调用。

创建应用 AngularJS 的登录的 demo 文件，通过双向绑定原理完成登录功能，效果图如图 6-39 所示。

图6-39 双向数据登录页

上面的效果基本结构 HTML 样式 css 已经完成，可直接拿来使用。下面是实现步骤。

第一步，引入 css 样式文件：

```
<link rel="icon" type="" href="css/images/favicon.ico">
<link rel="stylesheet" href="css/login.css"/>
```

第二步，写 HTML 结构，代码如下：

【代码6-21】 HTML

```
1  <!DOCTYPE html>
2  <html lang="en">
3  <head>
4  <meta charset="UTF-8">
5  <title>AngularJS 双向绑定示例 </title>
6  </head>
7  <body class="login-layout blur-login">
8  ……
9  <div id="myForm" class="login-box">
10 <h4 class="nomargin "> 登录 </h4>
11 <p class="mt5 mb20"> 登录访问您的账户。</p>
12 <input  type="text" class="form-control uname" placeholder="用户名或邮箱" id="username"/>
13 <input type="password" class="form-control pword" placeholder="密码" name="password" id="password" />
14 <a href="" data-toggle="modal" data-target="#forgetPassword">
15 <small class="wangjimima">忘记密码?</small>
16 </a><span id="spanId"></span>
17 <div id="login" type="submit" class="btn  btn-info btn-block"> 登录
18 </div>
19 </div>
20 ……
21 </body>
22 </html>
```

第三步，引用 AngularJS 包，实现双向绑定，代码如下：

```
<script src="assets/js/angular.min.js"></script>
```

第四步，写 login.js 文件，代码如下：

【代码6-22】 controller

```
1  var App = angular.module('login', []);
2  App.controller('loginController', ['$scope', function($scope) {
3  /* 单向数据绑定 */
4        ……
5  /* 双向绑定 */
6  $scope.username = "admin";
7  $scope.password = "123456";
8  }]);
```

第五步，将 login.js 文件引入到 HTML 内，代码如下：

```
<script src="js/login.js"></script>
```

第六步,在 HTML 中写实现双向数据的功能,首先确定根作用域(ng-app)和子作用域(ng-controller),以及通过 ng-model 获取 controller 的数据,并且也可以通过修改 ng-model 的数据来修改 controller 里面的数据,作用域与子作用域的代码如下:

【代码 6-23】 ng-app、controller

```
1  <!DOCTYPE html>
2  <html lang="en">
3  <head>
4  <meta charset="UTF-8">
5  <title>AngularJS 双向绑定示例</title>
6  </head>
7  <body ng-app="login" ng-controller="loginController" class="login-layout blur-login">
8  ……
9  <div id="myForm" class="login-box">
10 <h4 class="nomargin ">登录</h4>
11 <p class="mt5 mb20">登录访问您的账户。</p>
12 <input ng-model="username" type="text" class="form-control uname" placeholder=" 用户名或邮箱 " id="username"/>
13 <input ng-model="password" type="password" class="form-control pword" placeholder=" 密码 " name="password" id="password" />
14 <a href="" data-toggle="modal" data-target="#forgetPassword">
15 <small class="wangjimima">忘记密码 ?</small>
16 </a><span id="spanId"></span>
17 <div ng-click="login();" id="login" type="submit" class="btn btn-info btn-block">登录
18 </div>
19 </div>
20 ……
21 </body>
22 </html>
```

最后,通过浏览器查看页面效果,如图 6-39 所示。使用 ng-click 指令以及 login() 函数,在输入框内修改登录名和密码,之后单击登录,打开控制台查看 console 内的打印的 username 和 password 的内容。添加登录事件代码如下:

【代码 6-24】 login

```
1  var App = angular.module('login', []);
2  App.controller('loginController', ['$scope', function($scope) {
3  /* 单向数据绑定 */
4  ……
5     /* 双向绑定 */
6  $scope.username = "admin";
7  $scope.password = "123456";
8  $scope.login = function(){
9        console.log($scope.username);
10       console.log($scope.password);
11 };
12 }]);
```

将页面的登录名和密码分别修改为 test 和 abc123，之后单击登录，打开控制台的效果如图 6-40 所示。

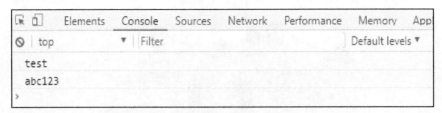

图6-40　控制台效果

这样就实现了双向绑定。

4. AngularJS 的 MVC 思想

MVC 是一种开发模式，由模型（Model）、视图（View）、控制器（Controller）3 部分构成如图 6-41 所示。这种开发模式方便合理组织代码，降低了代码间的耦合度，并且功能结构清晰可见。

模型（Model）：一般用来处理数据（读取/设置），一般指操作数据库。

视图（View）：一般用来展示数据，比如通过 HTML 展示。

控制器（Controller）：一般用作连接模型和视图的桥梁。

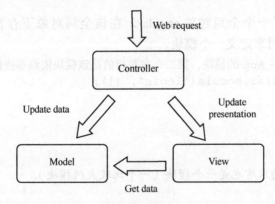

图6-41　MVC

通过 ThinkPHP 演示后端 MVC 的执行流程。

MVC 更多应用在后端开发程序里，后被引入到前端开发中。由于受到前端技术的限制，因此对其有一些细节的调整，进而出现了很多 MVC 的衍生版（子集），如 MVVM、MVW、MVP、MV* 等。

AngularJS 构建应用（App）时是以模块化（Module）的方式组织的，即将整个应用划分成若干模块，每个模块都有各自的职责，最终组合成一个整体。

采用模块化的组织方式，可以最大程度地实现代码的复用，可以像搭积木一样开发，如图 6-42 所示。

图6-42 AngularJS模块化

1）定义应用

通过为任一 HTML 标签添加 ng-app 属性，可以指定一个应用，表示此标签所包含的内容都属于应用（App）的一部分。

```
<!-- 为 HTML 标签添加 ng-app 表明整个文档都是应用 -->
<!--ng-app 属性可以不赋值，但是要关联响应模块时则需要赋值 -->
<html lang="en" ng-app="myApp" >
```

2）定义模块

AngularJS 提供了一个全局对象 angular，在该全局对象下存在若干的方法，其中 angular.module() 方法用来定义一个模块。

```
// 创建一个名字叫 App 的模块，第二个参数指的是该模块依赖那些模块
var App = angular.module('login', []);
```

【注意】

应用（App）的本质也是一个模块（一个比较大的模块）。

3）定义控制器

控制器作为连接模型和视图的桥梁存在，所以当我们定义好控制器以后也就可以定义模型和视图。

```
App.controller('loginController', ['$scope', function($scope) {
    ......
}]);
```

模型数据是要展示到视图上的，所以需要将控制器关联到视图上，通过为 HTML 标签添加 ng-controller 属性并赋值相应的控制器的名称，确立关联关系代码如下：

【代码6-25】 view、controller

```
1  <!DOCTYPE html>
2  <html lang="en">
```

```
3 <head>
4 <meta charset="UTF-8">
5 <title>AngularJS双向绑定示例</title>
6 </head>
7 <body ng-app="login" ng-controller="loginController" class=
"login-layout blur-login">
8      ……
9 <input ng-model="username" type="text" class="form-control uname"
placeholder="用户名或邮箱" id="username"/>
10<input ng-model="password" type="password" class="form-control
pword" placeholder="密码" name="password" id="password" />
11……
12<div ng-click="login();" id="login" type="submit" class="btn
btn-info btn-block"> 登录
13</div>
14</div>
15……
16</body>
17</html>
```

以上步骤就是AngularJS最基本的MVC工作模式。图6-43是AngularJS的结构图，AngularJS的工作机制围绕其结构展开。

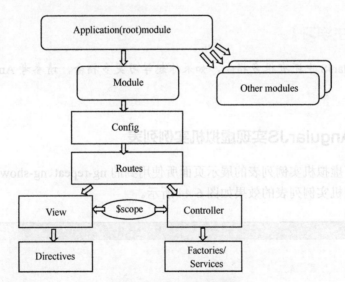

图6-43　AngularJS结构

5. AngularJS指令

HTML在构建应用（App）时存在诸多不足之处，AngularJS通过扩展一系列的HTML属性或标签来弥补这些缺陷。所谓指令就是AngularJS自定义的HTML属性或标签，这些指令都是以ng-作为前缀的，例如ng-app、ng-controller、ng-repeat等。AngularJS基本指令见表6-6。

表6-6　AngularJS基本指令

指令	说明
ng-app	指定应用根元素，至少有一个元素指定了此属性
ng-controller	指定控制器
ngModel	绑定HTML控制器的值到应用数据
ngRepeat	定义集合中每项数据的模板
ng-show	控制元素是否显示：true为显示、false为不显示
ng-hide	控制元素是否隐藏：true为隐藏、false为不隐藏
ng-if	控制元素是否存在：true为存在、false为不存在
ng-src	增强图片路径
ng-href	增强地址
ng-class	控制类名
ng-include	引入模板
ng-disabled	表单禁用
ng-readonly	表单只读
ng-checked	单/复选框表单选中
ng-selected	下拉框表单选中
...	......

> 【自主学习】
>
> 在AngularJS中还有很多指令，如果你想学习更多指令，请参考AngularJS中文官网。

6.3.3　应用AngularJS实现虚拟机实例列表

下面讲一下虚拟机实例列表的展示页面所使用到的ng-repeat、ng-show、ng-class指令。实现的虚拟机实例列表的效果如图6-44所示。

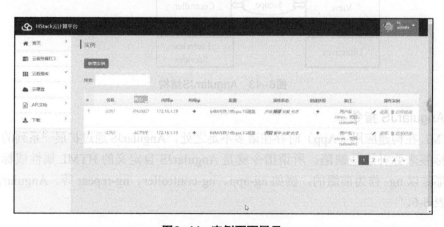

图6-44　实例页面展示

第一步，页面效果要想使用 AngularJS 框架，则必须引入 AngularJS 需要引入的包，代码如下：

```
<script src="assets/js/angular.min.js"></script>
```

第二步，在 body 标签确定根作用域（ng-app）和子作用域（na-controller）：

```
<body ng-app="app" ng-controller="mainController" class="no-skin">
......
</body>
```

第三步，写 main.js 文件，代码如下：

【代码 6-26】 controller

```
1  var App = angular.module('app', ['ui.router','ui.bootstrap']);
2  App.controller('mainController', ['$scope', function ($scope) {
3     // 为了更清晰后台交互，这里手动设置后台数据信息
4     $scope.virtualComputerList = [
5         {
6             action_status:2,
7             config:"64M 内存 ,1 核 cpu,1G 磁盘 ",
8             creatime:1511762856000,
9             fixed_IP:"172.16.1.19",
10            floating_IP:"",
11            name:" 实例 1",
12            project_id:"ab28580a6f6e4f02b66ce25885e0e9b1",
13            remark:" 用户名：cirros，密码：cubswin:)",
14            server_id:"281775cf-f3ac-4fc3-ae78-9a3d0b029c2a",
15            status:"PAUSED",
16            url:"http://192.168.14.120:6082/spice_auto.html?token=144d9a0b-1d97-49e3-85fb-d7b58cffd9af",
17            user_id:"7d7098bd593041df8b67f04e282ce328",
18        },
19        {
20            action_status:2,
21            config:"64M 内存 ,1 核 cpu,1G 磁盘 ",
22            creatime:1511762856000,
23            fixed_IP:"172.16.1.19",
24            floating_IP:"",
25            name:" 实例 2",
26            project_id:"ab28580a6f6e4f02b66ce25885e0e9b1",
27            remark:" 用户名：cirros，密码：cubswin:)",
28            server_id:"281775cf-f3ac-4fc3-ae78-9a3d0b029c2a",
29            status:"ACTIVE",
30            url:"http://192.168.14.120:6082/spice_auto.html?token=144d9a0b-1d97-49e3-85fb-d7b58cffd9af",
31            user_id:"7d7098bd593041df8b67f04e282ce328",
32        },
33    ];
34 }]);
```

第四步，使用 AngularJS 指令从 controller 获取数据，并以列表的形式展示，代码如下：

【代码 6-27】 view、controller

```
 1 <table class="table dataTable no-footer" id="table1" role="grid" aria-describedby="table1_info">
 2 <thead>
 3  ……
 4 </thead>
 5 <tbody>
 6 <tr ng-repeat="v in virtualComputerList" role="row" class="odd">
 7 <td class="sorting_1 tc">{{$index+1}}</td>
 8 <td class="tc"><a href="#">{{v.name}}</a></td>
 9 <td class="tc">
10 <i ng-show="v.status!=='build'&amp;&amp; v.status!=='BUILD'">{{v.status}}</i> <img ng-show="v.status=='build'" src="css/images/loading-1.gif" alt="" style="width: 40px;height: 40px;" />
11 <img ng-show="v.status=='BUILD'" src="css/images/loading-1.gif" alt="" style="width: 40px;height: 40px;" />
12 </td>
13 <td class="tc">{{v.fixed_IP}}</td>
14 <!-- 外网 IP-->
15 <td class="tc"> {{v.floating_IP}}
16 <i ng-show="v.floating_IP == ''" class="fa fa-plus" style="color: green;cursor: pointer;"></i>
17 <i ng-show="v.floating_IP != ''" class="fa fa-minus" style="color: green;cursor: pointer;"></i>
18 </td>
19 <td class="tc">{{v.config}}</td>
20 <td class="tc">
21 <i ng-class="{true:'current-status',false:'status-no'}[v.status=='ACTIVE']" style="cursor: pointer;"> 开启 </i>
22  <i ng-class="{true:'current-status',false:'status-no'}[v.status=='PAUSED']" style="cursor: pointer;"> 暂停 </i>
23 <i ng-class="{true:'current-status',false:'status-no'}[v.status=='UNPAUSED']" style="cursor: pointer;"> 恢复 </i>
24 <i ng-class="{true:'current-status',false:'status-no'}[v.status=='SHUTOFF']" style="cursor: pointer;"> 关闭 </i>
25 </td>
26 <td class="tc">
27 <i data-target="#myModal" class="fa fa-plus" style="color: green;cursor: pointer;"></i>
28 </td>
29 <td class="tc"> {{v.remark}} </td>
30 <td class="tc">
31 <a href="" title="" class="tooltips" data-toggle="modal" data-target="#resetVC">
32 <i class="fa fa-pencil" style="color: #2a6496"></i> </a>  
33 <a ui-sref="virtualComputerDetails({ 'serverId': v.server_id })" class="delete-row tooltips" data-original-title="delete">
34 <i style="cursor: pointer;"> 查看 </i>
35 </a>  
```

```
36<a href="" class="delete-row tooltips" data-original-
title="delete">
37<input ng-model="devviceId" type="hidden" name="dashboard"
value="{{dev.id}}" />
38<i class="fa fa-trash-o" style="color: red;"></i> </a>
39<a data-toggle="modal" data-target="#yuanchen" class="delete-
row tooltips" data-original-title="delete">
40<i style="cursor: pointer;">远程链接</i> </a>
41</td>
42</tr>
43</tbody>
44</table>
```

以上代码用了ng-repeat、ng-show、ng-class指令,上面在讲解指令的时候,均介绍过。接下来,我们结合上面的案例介绍以下几种指令的使用方法。

① ng-repeat 指令:为集合中的每项都实例化一个模块。每个模块都有自己的scope,给定的循环变量将被设置为当前项,$index是他们的索引。

循环中的特殊变量见表6-7。

表6-7 循环中的特殊变量

变量	类型	描述
$index	number	当前索引
$first	boolean	当循环的对象存在第一项时为true
$middle	boolean	当循环的对象存在中间项时为true
$last	boolean	当循环对象存在最后一项时为true
$even	boolean	循环的对象在当前位置的"$index"是偶数则为true,否则为false
$odd	boolean	循环的对象在当前位置的"$index"是奇数则为true,否则为false

ng-repeat 最简单的使用形式:ng-repeat="item in arr";但有时候,我们会遇到数组里有重复元素的情况,这时候,ng-repeat 代码不起作用,原因是 Angular 默认需要在数组中使用唯一索引,那么就可以指定它使用序号作为索引,例如:ng-repeat="item in arr track by $index"。

上面的实例中,<tr>标签写 ng-repeat="v in virtualComputerList",遍历的是 controller 里面的 $scope.virtualComputerList 数组,里面包括了多个对象,那么在<tr>标签包括的范围内,都可以取 $scope.virtualComputerList 的值。比如:{{v.name}} 获取的是当前索引的 name 的值,其他同理。

② ng-show 指令,由于{{v.status}}值不同,因此需要显示的内容也不同,当表达式为 true 时则显示,相当于:display:block;,当表达式为 false 时则隐藏,相当于:display:none。

③ ng-class 指令用于给 HTML 元素动态绑定一个或多个 CSS 类。ng-class 指令的值可以是字符串、对象或是一个数组。如果是字符串,多个类名使用空格分隔。如果是对象,

需要使用 key-value 对，key 是要添加的类名，value 是一个布尔值。只有在 value 为 true 时类才会被添加。数组可以由字符串或对象组合组成，数组的元素可以是字符串或是对象。例如：ng-class={true:'current-status',false:'status-no'}[v.status=='ACTIVE']，当 [v.status=='ACTIVE'] 为 true 时，显示引入 current-status 样式，false 时为引入 status-no 样式。

6.3.4 任务回顾

知识点总结

1．AngularJS 框架的主要特点。
2．AngularJS 框架的下载与安装。
3．WebStrom 编译器的安装与使用。
4．AngularJS 框架中的单向绑定和双向绑定。

学习足迹

任务三学习足迹如图 6-45 所示。

图6-45 任务三学习足迹

思考与练习

1．描述 AngularJS 是什么框架。
2．ng-show 指令、ng-hide 指令、ng-if 指令的区别是什么？
3．ng-repeat 使用方式是什么？

6.4 任务四：AngularJS 虚拟机模块交互

【任务描述】

关于 service 我们一点都不陌生，不论是在 c# 中还是 Java 中，我们经常会遇到 service 的概念，其实 service 的作用就是对外提供某种特定的功能，和我们经常说的"为了实现某个功能而调用哪个服务"是一样的道理，他们一般是一个独立的模块，ng 服务是这样定义的：Angular services are singletons objects or functions that carry out specific tasks common to web apps.

① 它是一个单利对象或函数，对外提供特定的功能。

② 它与我们自己定义一个 function 然后在其他地方调用不同，因为服务被定义在一个模块中，所以它的作用范围是可以被我们管理的。ng 避免全局变量污染意识是非常强的。

6.4.1 Service 服务

在学习 AngularJS 服务之前，我们需要对依赖注入的概念有所了解，Spring 框架中也存在依赖注入的概念，但是又有所不同。Spring 使用构造器注入或者 Set/Get 注入的方式，而且还需要做一些额外的操作，但是 AngularJS 只需要在需要的地方声明一下即可，类似模块的引用，十分方便。

依赖注入分为推断式注入和行内注入两种方式。

1. 推断式注入

推断式注入方式需要保证参数名称与服务名称相同。如果代码需要经过压缩等操作，会导致注入失败，所以不推荐使用，仅作为知识了解，代码如下：

【代码 6-28】 Infer injection

```
1  //控制器依赖 $http 和 $rootscope 服务
2  //但并未明确声明依赖，这时就会自动将函数里的参数名自动当作依赖对待
3  App.controller("myCtrl", function($http,$rootscope){
4      $http({
5          Method:POST;
6          url:"/HStack/network/internal";
7          data:{}
8      });
9  });
```

2. 行内注入

行内注入方式以数组形式明确声明依赖，数组元素都是包含依赖名称的字符串，数组最后一个元素是依赖注入的目标函数。我们推荐使用这种方式声明依赖，代码如下：

【代码 6-29】 Inline injection

```
1  //控制器依赖 $http 和 $rootscope 服务
```

```
2    // 以数组的形式进行声明,注意书写顺序
3    App.controller("myCtrl",['$http','$rootscope',function($http,$
rootscope){
4            $http({
5            Method:POST;
6            url:"/HStack/network/internal";
7            data:{}
8    });
9    }]);
```

学习了依赖注入,接下来我们学习 AngularJS 的服务。在 AngularJS 中,服务是一种单例对象。服务主要的功能是为实现应用的功能提供数据和对象。服务又分为自定义服务和内置服务两大类。

3. 自定义服务

在 AngularJS 中,我们经常将通用的业务逻辑封装在服务里面,这样不仅减少了代码量,而且也降低了出错率,提高了代码的易读性。所以,我们经常会用到业务逻辑,或者持久化数据化操作应该放在自定义的服务里面,而不是放在 controller 里。接下来我们重点学习服务的定义方式。

通过服务方式创建自定义服务,相当于 new 的一个对象:var service= new myService();,只要把属性和方法添加到 this 上才可以在 controller 里通过依赖注入进行调用。使用方法代码如下,创建自定义服务代码如下:

【代码 6-30】 service

```
1    App.service('hexafy', function() {
2        this.myFunc = function (x) {
3            return x.toString(16);
4        }
5    });
```

4. 内置服务

AngularJS 提供了很多内置服务,大概有 30 多个服务,如 $location、$timeout、$interval、$http、$window 等。

① $location 服务,它可以返回当前页面的 URL 地址。例如代码所示获取当前页面的 URL 如下:

【代码 6-31】 $location

```
1    var App = angular.module('myApp', []);
2    App.controller('customersCtrl', function($scope, $location) {
3        $scope.myUrl = $location.absUrl();
4    });
```

注意:$location 服务是作为一个参数传递到 controller 中的,如果要使用它,则需要在 controller 中定义。

② $timeout 服务和 $interval 服务的功能对应的是 javascript 中的 setTimeout() 和 setTimeInterval 函数。$timeout 用法和 $interval 语法使用相同,但意思不同,$interval 使用方法代码如下:

【代码 6-32】 $intercal

```
1  var App = angular.module('myApp', []);
2  App.controller('myCtrl', function($scope, $interval) {
3      $scope.theTime = new Date().toLocaleTimeString();
4      $interval(function () {
5          $scope.theTime = new Date().toLocaleTimeString();
6      }, 1000);
7  });
```

③ $window 服务是指浏览器窗口对象，在 JavaScript 中，窗口是一个包括许多内置的方法，alert() 全局对象，prompt() 等；使用方法代码如下：

【代码 6-33】 $window

```
1  var App = angular.module('myApp', []);
2  App.controller('myCtrl', function($scope, $window) {
3      $window.alert("hello");
4  });
```

④ $http 是 Angular 的一个核心服务，它有利于浏览器通过 XMLHttpRequest 对象或者 JSONP 和远程 http 服务器交互，这个函数返回一个 promise 对象，有 success 和 error 方法。$http 服务的使用场景，代码如下：

【代码 6-34】 $http-1

```
1  $http({
2  method:"post",          // 可以是 get,post,put, delete,head,jsonp; 常使用的是 get,post
3  url:"./data.json",      // 请求路径
4  params:{'name':'lisa'}, // 传递参数,字符串 map 或对象,转化成 name=lisa 形式跟在请求 // 路径后面
5  data:blob,  // 通常在发送 post 请求时使用,发送二进制数据,用 blob 对象
6  }).success(function(data){
7  // 响应成功操作
8  }).error(function(data){
9  // 响应失败（响应以错误状态返回）操作
10 })
```

then() 函数也可以处理 $http 服务的回调，then() 函数接受两个可选的函数作为参数，表示对 success 或 error 状态时的处理，也可以使用 success 和 error 回调代替：then（successFn,errFn, notifyFn），无论 promise 是成功还是失败，当结果可用之后，then 都会立刻异步调用 successFn 或 errorFn。返回正确结果或返回拒绝的错误信息，代码如下：

【代码 6-35】 $http-2

```
1  $http({
2  method:"post",          // 可以是 get,post,put, delete,head,jsonp; 常使用的是 get,post
3  url:"./data.json",      // 请求路径
4  params:{'name':'lisa'}, // 传递参数,字符串 map 或对象,转化成 name=lisa 形式跟在请求 // 路径后面
5  data:blob,  // 通常在发送 post 请求时使用,发送二进制数据,用 blob 对象
6  }).then(function(resp){
```

```
 7    // 响应成功时调用, resp 是一个响应对象
 8  }, function(resp) {
 9    // 响应失败时调用, resp 带有错误信息
10 });
```

then() 函数接收的 resp（响应对象）包含 5 个属性，见表 6-8。

表6-8　then函数属性

data（字符串或对象）	响应体
status	相应http的状态码，如200
headers（函数）	头信息的getter函数，可以接收一个参数，用来获取对应名字的值
config（对象）	生成原始请求的完整设置对象
statusText	相应的http状态文本，如"ok"

6.4.2　虚拟机交互之加载和新建

1. Nginx 配置

在前后端分离的过程中，前端与后台交互如何处理获取后台服务器 IP 呢？这时候 Nginx 就大有用处了。那么 nginx 是如何做到的呢？接下来我们一起学习一下。

Nginx（"engine x"）是一款是由俄罗斯的程序设计师 Igor Sysoev 开发的高性能的 Web 和 反向代理服务器，也是一款 IMAP/POP3/SMTP 代理服务器。在高连接并发的情况下，Nginx 是 Apache 服务器不错的替代品。

（1）下载

具体官网下载地址请读者登录官网。

（2）配置参数

下载后将其解压放在 D 盘更目录下，进入 nginx 文件夹配置需要代理的 IP：首先找到 conf 文件夹下的 nginx.conf 文件，使用 WebStrom 或者其他软件打开文件，然后找到 service 对象里的 listen 和 location 参数。

listen 是配置的端口 [在规定端口（不是特殊的）的范围内均可]，如下为配置 1000 的端口：

```
listen          1000;
```

location 是配置编译器启动的端口和后台服务器的端口，具体代码如下：

【代码 6-36】 nginx

```
1  location ~* \.(html|js|css|png|jpg|jpeg|gif|ttf)$ {
2      proxy_pass    http://127.0.0.1:63342;  // 这是webstrom编译器
的启动服务时的IP及端口
3  }
4  location ~* \.*$ {
5      proxy_pass http://192.168.4.148:8080;  // 这是后台服务的IP及端口
6  }
```

这样就配置成功了。

(3) 启动 Nginx

配置成功后，启动 nginx.exe 应用程序，双击 nginx.exe 即可；也可使用 cmd 窗口启动。
注意：在启动 nginx 时，一定确保请求服务的后台是运行状态！

(4) 运行项目修改端口

nginx 启动成功后，使用 WebStrom 编译器运行项目，打开 login.html 页面，URL 如图 6-46 所示。

图 6-46　修改端口前

修改 URL 的端口是配置 nginx 时 listen 的端口，当时配置时的端口是 1000，URL 修改为如图 6-47 所示。

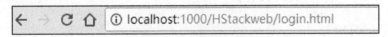

图 6-47　修改端口后

(5) 完成运行项目

修改端口成功后，项目就可以正常与后台交互了。

2. 加载虚拟机列表

所有的准备工作我们都已经完成了，那么接下来我们就开始使用学过的知识应用到实际项目中。

我们封装好关于 API 的 service，在应用中的不同代码块（域）中共享 post、get、put、delete 方法，这里统一写在文件夹 service 下 API.js 里面。由于代码比较多，我们只使用 post 方法来举例说明，其他 3 种方法相同，具体代码如下：

【代码 6-37】　service

```
1   App.service('APIService', function($http) {
2   var __getJson = function(url, params, deep, max_deep, success, error) {
3       var null_func = function() {};
4       error = error || null_func;
5       success = success || null_func;
6       $http({
7           method: 'GET',
8           url: __get_url(url),
9           params: params,
10          cache: false,
11          timeout: 10000,
12          headers: {'Content-Type': 'application/x-www-form-urlencoded', 'X-Auth-Token': token },
13          transformRequest: function(obj) {
14              var str = [];
```

```
15                      for (var p in obj) {
16                          str.push(encodeURIComponent(p) + "=" + 
encodeURIComponent(obj[p]));
17                      }
18                      return str.join("&");
19                  }
20              }).success(function(data) {
21                  if (data && data.hasOwnProperty('status') && data.
status == 101) {
22                      location.href = config.home;
23                  }
24                  success(data);
25              }).error(function() {
26                  if (deep < max_deep) {
27                      __post(url, params, deep + 1, max_deep, success, 
error);
28                  } else {
29                      error();
30                  };
31              });
32          };......
33  return {
34          getJson: function(url, params, success, error){
35              __getJson(url, params, 1, 1, success, error)
36          },
37  ......
38  };
39  });
```

加载虚拟机列表，首先我们已经把页面 HTML 结构和 css 样式都已经写好了，在项目中，每子页面 HTML 文件和 js 文件都放在 HTML 文件夹下。virtualComputer.html 文件时写的虚拟机页面，通过路由的方法，加载到 main.html 文件内，这里就多赘述，可以通过看项目源代码 js 文件下 route 文件下学习。虚拟机页面的 HTML 代码如下：

【代码 6-38】 virtualComputer.html

```
 1  <table class="table dataTable no-footer" id="table1" 
role="grid" aria-describedby="table1_info">
 2  <thead>
 3  <tr role="row">
 4  <th class="sorting_asc" tabindex="0" aria-controls="table1" 
rowspan="1" colspan="1" aria-sort="ascending" aria-label="#: 
activate to sort column ascending" style="width:3%;">#</th>
 5  <th class="sorting" style="width: 10%;"> 名称 </th>
 6  <th class="sorting dropdown-toggle" style="width: 8%;" data-toggle="dropdown" 
aria-haspopup="true" aria-expanded="false"> 状态 </th>
 7  <th class="sorting" style="width: 8%;"> 内网 IP</th>
 8  <th class="sorting" style="width: 8%;"> 外网 IP</th>
 9  <th class="sorting" style="width: 15%;"> 配置 </th>
```

```
10<th class="sorting" style="width: 14%;">操作状态 </th>
11<th class="sorting"  style="width: 8%;">创建快照 </th>
12<th class="sorting" style="width: 15%;">备注 </th>
13<th class="sorting" style="width: 12%;">操作实例 </th>
14</tr>
15</thead>
16<tbody>
17<tr ng-repeat="v in virtualComputerList" role="row" class="odd">
18<td class="sorting_1 tc">{{$index+1}}</td>
19<td class="tc"><a href="#">{{v.name}}</a></td>
20<td class="tc">
21<i ng-show="v.status!=='build'&& v.status!=='BUILD'">{{v.status}}</i>
22<img ng-show="v.status=='build'" src="css/images/loading-1.gif" alt="" style="width: 40px;height: 40px;">
23<img ng-show="v.status=='BUILD'" src="css/images/loading-1.gif" alt="" style="width: 40px;height: 40px;">
24</td>
25<td class="tc">{{v.fixed_IP}}</td>
26<!-- 外网 IP-->
27<td class="tc">{{v.floating_IP}}
28<i ng-click="bindingIp(v.server_id)" ng-show="v.floating_IP == ''" class="fa fa-plus" style="color: green;cursor: pointer;"></i>
29<i ng-click="unbindingIp(v.server_id)" ng-show="v.floating_IP != ''" class="fa fa-minus" style="color: green;cursor: pointer;"></i>
30</td>
31<td class="tc">{{v.config}}</td>
32<td class="tc">
33<i ng-click="vcstart(v.server_id,v.action_status)" ng-class={true:'current-status',false:'status-no'}[v.status=='ACTIVE'] style="cursor: pointer;" >开启 </i>
34<i ng-click="vcpause(v.server_id,v.action_status)" ng-class={true:'current-status',false:'status-no'}[v.status=='PAUSED'] style="cursor: pointer;"> 暂停 </i>
35<i ng-click="vcunpause(v.server_id,v.action_status)" ng-class={true:'current-status',false:'status-no'}[v.status=='UNPAUSED'] style="cursor: pointer;"> 恢复 </i>
36<i ng-click="vcstop(v.server_id,v.action_status)" ng-class={true:'current-status',false:'status-no'}[v.status=='SHUTOFF'] style="cursor: pointer;"> 关闭 </i>
37</td>
38<td class="tc">
39<i ng-click="showmodel(v.server_id)" data-toggle="modal" data-target= "#myModal" class="fa fa-plus"  style="color: green;cursor: pointer;"></i>
40</td>
41<td class="tc">
42            {{v.remark}}
```

```
43    </td>
44    <td class="tc">
45    <!-- 修改 -->
46    <a ng-click="editVC(v.server_id)" href="" title="" class="tooltips" data-toggle="modal" data-target="#resetVC">
47    </a>  
48    <!-- 删除 -->
49    <a ng-click="delVC(v.server_id)" href="" class="delete-row tooltips" data-original-title="delete">
50    <input ng-model="devviceId" type="hidden" name="dashboard" value="{{dev.id}}">
51    <i class="fa fa-trash-o" style="color: red;"></i>
52    </a>
53    </td>
54    </tr>
55    </tbody>
56    </table>
```

交互 js 具体代码如下：

【代码 6-39】 get

```
1  App.controller('virtualComputerController',['$scope','APIService',
'layerService','commonService','$rootScope','$interval',function($scope,
APIService,layerService,commonService,$rootScope,$interval){
2      token = sessionStorage.getItem('token');    // 获取用户 token
3      userId = sessionStorage.getItem('userId');    // 获取用户 userId
4      // 加载虚拟机
5      var VirtualComputer = function(){
6          //layerService.loading();
7          var pagenum = 1;    // 默认进来加载的第一页内容
8          params={};
9          APIService.getJson('/HStack/compute/server/user/'+userId
+'/'+pagenum,params, function (data) {
10             if (data.status == 0) {
11                 //layerService.close();
12                 $scope.virtualComputerList = data.data.list;
13                 console.log(data.data);
14             }else if(data.status == 1){
15                 layerService.msg(data.msg);
16             };
17         });
18     };
19     VirtualComputer();
20 $interval(function(){
21     VirtualComputer();
22     $scope.$apply(); //this triggers a $digest
23 },1000);
24 }]);
```

实现的效果如图 6-48 所示。

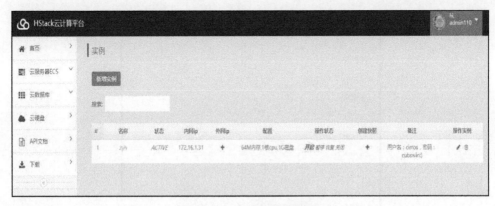

图6-48 虚拟机交互效果

接下来我们一一分析这些代码，首先我们先讲解交互的 js 代码。

① App 是 app.js 中已经声明好的模块，API.js 使用的也是 App 模块，virtualComputer Controller 是虚拟机的控制器，控制器内则是页面的业务处理。

② token 和 userId 变量分别是通过 H5 的 sessionStorage 获取登录，是存在浏览器的 sessionStorage 里面的用户 token 和 userId。其中，sessionStorage.setItem() 是存入，sessionStorage.getItem() 方法是获取参数。

③ 控制器内的 VirtualComputer() 函数是调用的虚拟机的接口，因为我们在 API.js 文件中已经使用服务封装 get 方法为 getJson，所以在控制器内把 APIService 依赖注入 VirtualComputer 控制器内，在这个控制器内就可以直接调用此方法。

• params 是传递给后台接口的参数，由于加载虚拟机接口不需要参数，因此为空。

• getJSon 方法第一参数是接口的 URL，第二个是 params，第三个是 function 函数。function 函数内是接口 200，成功之后可判断后台的状态码，其中 status=0 表示获取数据 data 成功，status=1 表示获取 data 数据失败。

• 调通加载虚拟机列表接口，获取的 data.data.list 是虚拟机列表的数据；我们成功地从后台获取数据后，我们就要使用 AngularJS 的 ng-reeat、ng-class、ng-show 等指令把获取的数据放在视图中，此方法在任务一中已经讲过，在此就不再赘述了。

• 使用 $interval 方法是因为虚拟机实例的内网 IP 和外网 IP 会变动，所以要一秒刷新一次。

3. 新建虚拟机实例

虚拟机实例是由实例名称、网络、配置及镜像组成的。新建虚拟机实例的网络、配置以及镜像是当前用户下的，并且新建虚拟机实例只有具备需要的权限，才能成功新建虚拟机实例。

新建虚拟机实例模态框是集成 bootstrap 框架的模态框，新建的必要元素——网络、配置、镜像是从后台获取的，使用的是 get 方法。调用 APIService.getJson 的方法，与上面的获取虚拟机实例列表类似。下面，我们就以获取用户下的网络为例，看一下新建虚拟机的模态框图，如图 6-49 所示。

图6-49 新建虚拟机模态框

js 新建虚拟机交互的具体代码如下：

【代码6-40】 js

```
1  App.controller('virtualComputerController',['$scope','APIService',
'layerService','commonService','$rootScope',function($scope,APIService,layerService,commonService,$rootScope){
2      token = sessionStorage.getItem('token');   // 获取用户token
3      userId = sessionStorage.getItem('userId');   // 获取用户userId
4      ......
5      /* 新增虚拟机 */
6      // 首先加载需选择的网络、配置、镜像
7      //1、加载网络
8      params={};
9      APIService.getJson('/HStack/network/internal',params,function (data) {
10         if (data.status == 0) {
11             $scope.networkList = data.data;
12         }else if(data.status == 1){
13             layerService.msg(data.msg);
14         }
15     });
16 //2、加载模板里面的配置   同上
17 //3、加载选择的镜像   同上
18 ......
19 }]);
```

从后台获取数据后，使用 ng-repeat 指令在 option 标签上遍历数据显示到视图上，其中在使用 select 标签的 ng-model="network" 指令，是为了获取选中的 option 标签的 value，在新建虚拟机实例后台交互时需要的参数是网络的 id，因此 option 标签的 value 属性的值 {{n.network_id}} 是网络 ID，网络数据展示操作，具体代码如下：

【代码 6-41】 view

```html
1  <!-- 创建实例模态框 -->
2  ……
3  <div class="form-group col-md-12">
4  <label for="id_title">选择网络：</label>
5  <span style="color: red;font-size: 18px;position: relative;top: 6px;">*</span>
6  <select ng-model="networkId" class="datastream_type" name="datastream_type" style="width: 100%;margin: 0;">
7  <option value>请选择网络</option>
8  <option ng-repeat="n in networkList" value="{{n.network_id}}">{{n.name}}</option>
9  </select>
10 </div>
11 ……
12 <div class="modal-footer" style="background: #fff">
13 <button ng-click="addVC()" data-dismiss="modal" type="button" aria-label="Close" class="btn btn-primary">保      存 </button>
14   </div>
15 ……
```

获取到新建虚拟机实例所需要的必要元素（网络、配置、镜像）之后，我们就要调用新建虚拟机实例的接口了，实现新建一个虚拟机实例功能。首先我们使用 ng-click=" addVC()" 指令，单击保存按钮，触发 addVC 函数。其中 $scope.networkId、$scope.config、$scope.imageId 分别是从 ng-model 模型中获取的选中的网络 ID、配置 ID、镜像 ID。JS 新建虚拟机事件与 post 请求交互，具体代码如下：

【代码 6-42】 js post

```javascript
1  App.controller('virtualComputerController',['$scope','APIService','layerService','commonService','$rootScope',function($scope,APIService,layerService,commonService,$rootScope){
2      token = sessionStorage.getItem('token');   // 获取用户 token
3      userId = sessionStorage.getItem('userId');   // 获取用户 userId
4      ……
5  /* 新增虚拟机 */
6  ……
7  $scope.addVC = function(){
8      // 判断名称网络 id、配置 id、镜像 id 是否为空
9  if($scope.title!=undefined && $scope.imageId!=undefined &&$scope.networkId!=undefined){
10         layerService.loading();
11         var params = {
12             "name": $scope.title,
13             "userId": userId,
14             "imageId": $scope.imageId,     // 镜像 id
15             "flavorId": $scope.config,     // 模板 id
16             "networkId": $scope.networkId  // 网络 id
17         };
```

```
18          APIService.postJson('/HStack/compute/server',params ,
function (data) {
19                  layerService.close();
20                  if (data.status == 0) {
21                      layerService.close();
22                      layerService.msg(data.msg);
23 // 重新调用获取虚拟机实例列表的接口，获取新数据
24                      VirtualComputer();
25                  }else if(data.status == 1){
26                      layerService.msg(data.msg);
27                  }
28              });
29          }else{
30              layerService.msg("实例的名称、网络、配置、镜像均不能为空哦！");
31          };
32      };
33 ......
34 }]);
```

调用新建虚拟机实例的接口成功并返回提示后，说明我们已经成功新建虚拟机实例。虚拟机实例页面会重新调用获取实例列表，页面显示新建的虚拟机实例。

6.4.3 虚拟机交互之编辑和删除

1. 编辑虚拟机实例

首先，我们先看一下虚拟机列表，如图 6-50 所示。

#	名称	状态	内网ip	外网ip	配置	操作状态	创建快照	备注	操作实例
1	zyn	SHUTOFF	172.16.1.31	+	64M内存,1核cpu,1G磁盘	开启 暂停 恢复 关闭	+	用户名：cirros，密码：cubswin:	
2	test	ACTIVE	172.16.1.32	+	64M内存,1核cpu,1G磁盘	开启 暂停 恢复 关闭	+	用户名：cirros，密码：cubswin:	

图6-50 虚拟机列表

看过虚拟机实例列表之后，接下来我们一起做虚拟机实例的编辑交互，put 方法和 post 方法和 get 方法相似，并且其在 API.js 内使用服务封装好了 put 方法，我们在控制器里直接调用即可。

虚拟机列表是非常多的，我们通过虚拟机实例 id 来确定编辑的虚拟机实例是想要进行修改的虚拟机实例，那我们是如何在编辑虚拟机实例时携带虚拟机 id 呢？接下来我们开始一起探索这个问题。

如果需要编辑某个虚拟机实例，第一步是单击某个虚拟机的编辑图标，弹出编辑模态框；第二步是修改虚拟机名称；第三步是单击保存完成交互。从上面几步我们不难发现，在第一次单击编辑图标时，我们就要获取虚拟机实例的 ID，这样到最后一步单击保存就可以使用虚拟机实例的 ID 与后台交互。

下面是视图中修改标签的代码，其中在单击编辑图标的标签上添加了 ng-click=" editVC(v.server_id)"，editVC 函数里面携带 v.server_id 是当前的虚拟机的 id，编辑

虚拟机的单击事件具体代码如下：

【代码 6-43】 ng-click

```
1  ......
2  <!-- 修改 -->
3  <a ng-click="editVC(v.server_id)" href="" title="" class="tooltips" data-toggle="modal" data-target="#resetVC">
4  <i class="fa fa-pencil" style="color: #2a6496"></i>
5  </a>  
6  ......
```

编辑模态框保存按钮的标签中再添加一个 ng-click 指令，并且此指令添加 puteditVC 函数，具体代码如下：

【代码 6-44】 puteditVC function

```
1  // 模态框的单击保存按钮标签代码
2  ......
3  <div class="modal-footer" style="background-color: transparent;">
4  <button ng-click="puteditVC()" type="button" class="btn btn-primary" data-dismiss="modal" aria-label="Close" style="margin-top: 20px;"> 保存 </button>
5  </div>
6  ......
```

接下来是 JS 交互的代码，$scope.editVC 函数就是视图中的 editVC 函数，$scope.editVC 函数中的 serverId 就是从视图 editVC 函数中携带的当前虚拟机的 id；$scope.editVC 函数中首先判断的是 $scope.editName 实例名称是否空，不为空时，$scope.puteditVC 函数与后台进行交互，编辑虚拟机的 API，params 是后台需要的参数 name，其中 serverId（虚拟机 id）参数类型 path，需要通过 URL 传递。最后调通接口后判断 status 的值，0 表示获取数据成功，提示修改成功信息，同时重新调用加载虚拟机列表的接口，刷新页面；1 表示获取数据失败。编辑虚拟机 put 请求具体代码如下：

【代码 6-45】 put

```
1  ......
2  // 编辑虚拟机
3  $scope.editVC = function(serverId){
4    if($scope.editName !="" ){
5        $scope.puteditVC = function(){
6        layerService.loading();
7        params={
8            "name": $scope.editName
9        };
10       APIService.putJson('/HStack/compute/server/'+serverId, params, function (data) {
11           if (data.status == 0) {
12               layerService.close();
13               layerService.msg(data.msg);
14               $scope.templateList = data.data;
15           }else if(data.status == 1){
```

```
16                    layerService.msg(data.msg);
17                });
18            });
19        };
20    }else{
21        layerService.msg("实例名称不能为空!");
22    }
23 };
24 ……
```

2. 删除虚拟机实例

最后就剩下删除虚拟机实例的交互了，delete 方法同上面 3 种方法类似都已经在 API.js 内封装好了。方法同上面的调用方法。虚拟机删除按钮如图 6-51 所示。

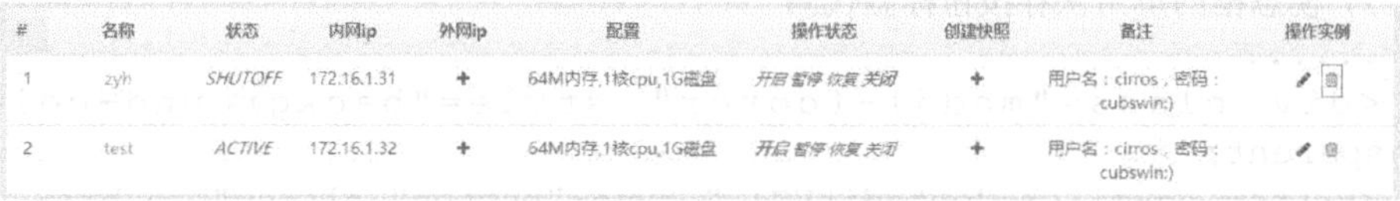

图6-51 虚拟机删除按钮

删除虚拟机实例，也是需要用到虚拟机 ID 的，那么我们就可以使用编辑虚拟机携带参数 id 的方法。

下面是视图中删除标签的代码，其中在单击删除图标的标签上添加了 ng-click="delVC(v.server_id)"，delVC 函数里面携带 v.server_id 是当前的虚拟机的 id，代码如下：

【代码 6-46】 delVC function

```
1 ……
2    <!-- 删除 -->
3    <a ng-click="delVC(v.server_id)" href="" class="delete-row tooltips" data-original-title="delete">
4        <i class="fa fa-trash-o" style="color: red;"></i>
5    </a>
6 ……
```

由于直接单击删除有点生硬，所以使用了 layer.js 框架的提示功能，并做了一个 service 封装到 layerService 中，依赖注入后直接调 confirm 方法使用，页面会提示是否确定删除，单击确定即删除此虚拟机，取消则为不删除此虚拟机。图 6-52 为虚拟机判断删除提示。

图6-52 虚拟机判断删除提示

APIService 中的 deleteJson 同上面 3 种方法相同，直接调用，之后在 URL 上传 serverId 调通接口，判断 data.Status 的值即可。JS 删除虚拟机 delete 请求具体代码如下：

【代码 6-47】 delete

```
1    ……
2        /* 删除虚拟机 */
3        $scope.delVC = function(serverId){
4            layerService.confirm("虚拟机","亲,您确定删除吗？",function(){
5                layerService.loading();
6                params = {};
7                APIService.deleteJson('/HStack/compute/server/'+serverId ,params, function (data) {
8                    if (data.status == 0) {
9                        layerService.close();
10                       layerService.msg(data.msg);
11                       VirtualComputer();
12                   }else if(data.status == 1){
13                       layerService.msg(data.msg);
14                   }
15               });
16           });
17       };
18   ……
```

6.4.4 任务回顾

◆ 知识点总结

1. service 功能以及两种表现形式。
2. nginx 配置以及作用。
3. 依赖注入的方式。
4. $http 的作用。

◆ 学习足迹

任务四学习足迹如图 6-53 所示。

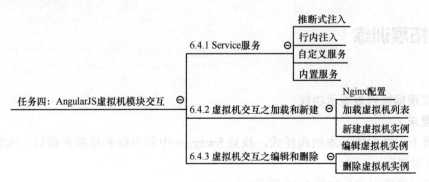

图 6-53 任务四学习足迹

思考与练习

1. 查找资料找一找 AngularJS 中的服务除了 $http 还有哪些？
2. 在 $http 中，post 与 get 的简写方式是什么？使用 $http 需要注意哪些事项？
3. 浏览器存储数据中 cookie、sessionStorage、localStorage 的区别是什么？
4. 常见的 http 响应码有哪些？分别是什么意思？

6.5 项目总结

我们通过学习本项目，掌握了 Ajax 和 AngularJS 的使用方法，同时学习使用了原生的 JS 代码实现 Ajax 的工作流程，掌握了使用 Ajax 实现前后端交互的工作流程及方法。

通过本项目的学习，我们提高了新知识的学习能力及业务流程分析能力。

项目 6 技能图谱如图 6-54 所示。

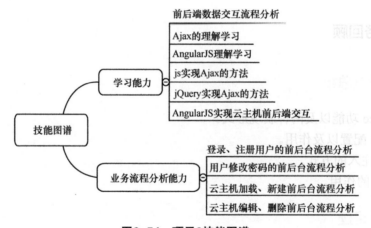

图6-54 项目6技能图谱

6.6 拓展训练

1. 实现模板列表展示功能

◆ 要求：

根据下面页面的基本结构样式，找到 Swagger 中的网络和模板的接口，实现网络和模板的页面展示。

网络列表实现效果如图 6-55 所示。

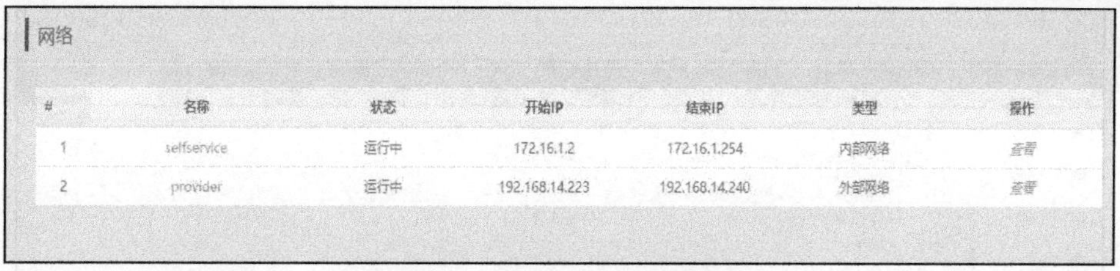

#	名称	状态	开始IP	结束IP	类型	操作
1	selfservice	运行中	172.16.1.2	172.16.1.254	内部网络	查看
2	provider	运行中	192.168.14.223	192.168.14.240	外部网络	查看

图6-55 网络列表实现效果

模板列表实现效果如图6-56所示。

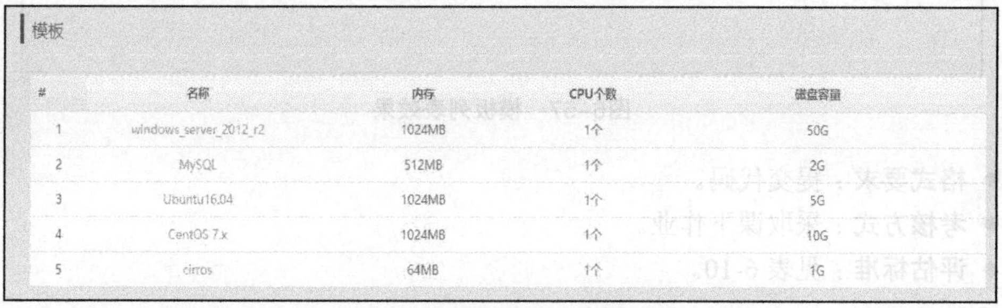

模板

#	名称	内存	CPU个数	磁盘容量
1	windows_server_2012_r2	1024MB	1个	50G
2	MySQL	512MB	1个	2G
3	Ubuntu16.04	1024MB	1个	5G
4	CentOS 7.x	1024MB	1个	10G
5	cirros	64MB	1个	1G

图6-56 模板列表实现效果

◆ 格式要求：提交代码。
◆ 考核方式：采取课下作业。
◆ 评估标准：见表6-9。

表6-9 拓展训练评估表

项目名称： 模板列表展示功能		项目承接人： 姓名：	日期：
项目要求		评价标准	得分情况
总体要求： ① 使用AngularJS框架中的API Service服务 ② 使用ng-repeat指令		① 熟练使用AngularJS框架中的APIService服务（40分） ② 掌握ng-repeat指令的使用方法（50分） ③ 语言表达逻辑合理，表述准确（10分）	
评价人		评价说明	备注
个人			

2. 实现模板列表展示功能
◆ 要求：
页面的基本结构样式，可直接使用实现虚拟机实例的代码；JSON数据需自己手写；通过AngularJS框架ng-repeat指令实现模板列表的展示。

模板列表效果如图6-57所示。

云应用系统开发

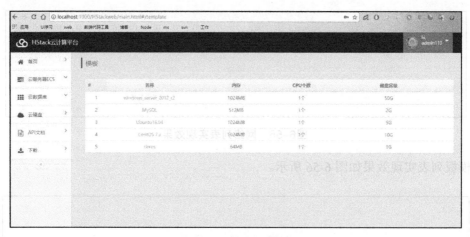

图6-57　模板列表效果

- ◆ **格式要求**：提交代码。
- ◆ **考核方式**：采取课下作业。
- ◆ **评估标准**：见表 6-10。

表6-10　拓展训练评估表

项目名称： 模板列表展示功能	项目承接人： 姓名：	日期：
项目要求	评价标准	得分情况
总体要求： ① 使用AngularJS框架 ② 使用ng-repeat指令 ③ 合法的JSON格式	① 掌握AngularJS框架的基本使用方法（40分） ② 熟练使用ng-repeat指令（40分） ③ 手动书写正确的JSON数据格式（10分） ④ 语言表达逻辑合理，表述准确（10分）	
评价人	评价说明	备注
个人		